LES
VERTUS
DES
PLANTES

918 ESPÈCES

La description d'un grand nombre, leur mode d'emploi et une manière très simple pour les connaître sans se tromper.

Par A. B.

TOURS
IMPRIMERIE E. RIVIÈRE
1906
DÉPOSÉ

LES VERTUS DES PLANTES

918 ESPÈCES

PRÉFACE

Le but que je poursuivai tout d'abord en écrivant ce livre était bien loin d'être ce qu'il est maintenant; pouvais-je refuser ce que quoique très imparfait qu'est ce livre, on me demandait. Que nous importe, me disait-on, les savantes descriptions pourvu que l'on comprenne ; nous n'avons pas le temps de lire, et nous voulons savoir : abrégez donc et dites-nous en une ligne ce que d'autres écriraient en dix, et je voulus obéir.

Cependant, je fis de plus amples recherches, principalement chez les auteurs anciens lesquelles jointes à mon humble savoir et à celui de nombreux amis, m'ont fait dépasser mon

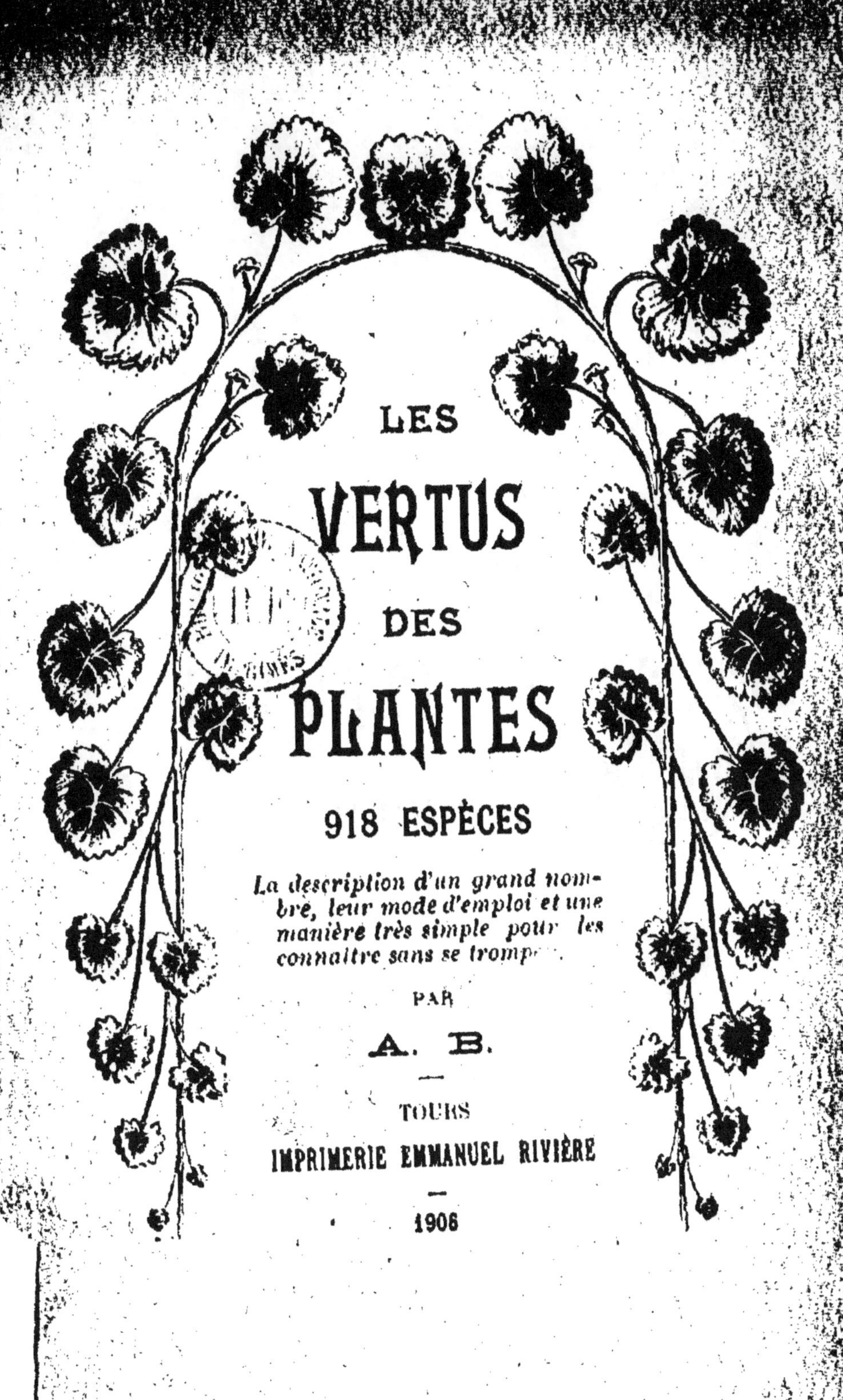

LES

VERTUS

DES

PLANTES

918 ESPÈCES

La description d'un grand nombre, leur mode d'emploi et une
manière très simple pour les
connaître sans se tromp

PAR

A. B.

TOURS

IMPRIMERIE EMMANUEL RIVIÈRE

1906

LES

VERTUS DES PLANTES

918 ESPÈCES

attente. Et c'est alors que, poussé par ce courant populaire, je me suis laissé entraîner à vous donner le fruit de ces recherches.

Pourtant, ce n'est pas un livre de médecine proprement dit que je vous offre, celui-ci m'eût entraîné trop loin et j'ai préféré en remettre à une autre fois ; aussi en le publiant ainsi, chacun pourra savoir ce qui est bon pour la santé comme pour l'hygiène, il ne décrit pas l'état maladif de chacun et laisse au médecin son rôle qui est d'apprécier, de soigner, de guérir, tout en donnant en même temps la connaissance et les vertus des remèdes qui leur seront prescrits. Seuls les charlatans en recevront le contre-coup parce que, ordonnant certains remèdes bizarres ou nuisibles, chacun alors saura ce qu'il lui faut ou ne faut pas, selon son tempérament ; car ce qui est bon pour l'un peut quelquefois n'être que nuisible à un autre. Un exemple : Deux malades atteints de la même maladie, pourquoi ne doivent-ils pas toujours employer le même remède ? L'un est constipé, l'autre c'est le contraire : l'un est d'un tempérament nerveux, l'autre est phlegmatique. Là, je vous laisse le soin de répondre...

C'est alors que dans le classement que j'ai suivi, chacun trouvera bien vite ce qu'il lui faut et lui permettra d'attendre l'arrivée de l'homme de l'art et aussi de se guérir de maux, dans certains cas, très nombreux et des moins dangereux,

Les nombreux remèdes qui sont ici exposés doivent aussi montrer à chacun qu'une association de plantes sera la plupart du temps d'un heureux effet, soit pour l'hygiène, soit pour la guérison, car plusieurs causes, et cela très souvent, devront être attaquées de front ; une seule plante, tant admirable soit-elle, ne pourra pas toujours réussir à elle seule.

Ceci dit, vous pourrez devenir de très bons guérisseurs dans un grand nombre de cas, soit pour vous ou pour les vôtres. Apprenez-donc à connaître ce que nos ancêtres savaient si bien, et que malheureusement on laissait dans l'oubli.

Je dis malheureusement, parce que pour rien, chacun a sous la main le remède parfait, jamais altéré que toujours on a près de soi ; cependant, il n'est pas dit que certaines plantes étrangères ne seront pas d'un grand secours. C'est alors, que le pharmacien viendra, lui aussi, vous procurer ce dont vous aurez besoin. C'est pourquoi plus d'une centaine de ces plantes, y ont été ajoutées, quoique le Créateur ait mis à notre portée ce qui doit nous convenir et éviter par là les remèdes très chers, quelquefois trop chers ! pour la bourse du travailleur ; que coûtera une infusion, une macération, une extraction du suc de quelques plantes ; car il ne faut pas oublier non plus que l'infusion ou la distillation par le feu emportent certains principes qu'il serait bon de conserver, et certaines plantes infusées plus ou moins longtemps peuvent transformer l'état de leur vertu, le vin par exemple, frais, fermenté, aigri, ou distillé, présente bien des différences. Le persil frais ou fané n'a pas les mêmes vertus, etc., etc.

Appliquez-vous donc, chers lecteurs, à étudier, consulter, retenir ce que vous aurez appris ; consignez ce que vous aurez pu glaner dans la grande marge de ce livre, et au bon endroit, vous aurez ainsi un volume inestimable ; car je n'ai pas besoin de le répéter, la santé c'est le bonheur.

Enfin, pour terminer, comme je l'ai dit précédemment, si ce livre n'est pas un livre de médecine proprement dit, les vertus des plantes qui y sont consignées peuvent s'appliquer aussi bien aux animaux qu'aux hommes, et la seule différence qu'il y a, est que le dosage doit être observé selon la force de chacun. Car le Créateur n'a pas voulu faire de différence entre l'un ou l'autre, au point de vue de la question animale ? Par exemple, si l'homme est trois fois moins fort que le bœuf, il faudra donc une dose trois fois plus forte pour ce bœuf, et l'homme est plus fort que la femme, à vous d'apprécier. Ceci exposé, quelle réponse va-t-on me faire ?

Je ne connais pas les plantes, me dira-t-on.

et en effet, à quoi servirait-il de connaître leurs
vertus, si l'on ne connaissait pas ces plantes
mêmes, ou si l'on ne savait pas où les prendre.
A cela, je dois répondre que, puisque l'étude
de la botanique est interdite au plus grand nombre, parce que, et le temps et l'argent font
défaut, à moi de venir à votre secours.

Tout d'abord, munissez-vous d'un petit livre
de quelques pages pouvant tenir facilement dans
la poche, puis, par la campagne au travail, ou
à la promenade, ramassez les plantes *que vous
ne connaissez pas*, mettez-les dans ce livre,
bien étalées et séparées par une feuille de papier,
afin d'éviter les mauvais plis ; puis, rentré chez
vous, à temps perdu, mettez-les dans un cahier
d'un sou ; vos plantes bien étalées, puis encore,
remettez ce cahier en un endroit chaud si possible, pour faire faire la dessiccation des plantes,
et éviter la moisissure qui les ferait perdre ;
continuez jusqu'à ce que vous ayez ramassé toutes les plantes inconnues de vous, n'ayant pas
besoin de connaître celles d'ailleurs, puisque

vous ne pourrez vous les procurer que par les pharmaciens ou herboristes, tant qu'à celles que vous voudriez cultiver, la maison Vilmorin pourra vous les procurer, soit en pieds soit en graines.

Puis, après avoir fait ce que vous désirez, mettez-vous plusieurs voisins ensemble. Dans la campagne, l'instituteur de la commune ne s'y refusera pas probablement, ils sont bien trop dévoués pour cela ; faites un herbier complet des plantes non connues de vous, envoyez-moi cet herbier chez l'auteur A. Bonneau, à Chenne, par Thouars (Deux-Sèvres), et là, pour *un centime par plante*, on vous mettra le nom de celles que vous aurez envoyées.

Exemple : un herbier envoyé comme échantillon contenant cent plantes, poids trois cents grammes environ, 0 fr. 30 c., retour autant, ci . . . . 0 fr. 60
cent plantes à un centime, ci . . . . 1 » »
Total. . . . . 1 fr. 60
qui, entre dix personnes y coopérant, soit chaque, 0 fr. 10 centimes.

Une heure d'hiver, au soir, pour prendre connaissance, qu'est-ce cela ? Et ne dites plus : Je ne connais pas les plantes !...

Si vous voulez imprimer vous-même, dans la marge, les plantes en regard, prenez du papier blanc, celui-ci est le meilleur ; qu'il soit écrit ou non, le papier de journal à l'occasion peut servir, brûlez-le, ramassez soigneusement son charbon, étendez-le en frottant, sur une feuille de papier, puis, lorsque celle-ci est bien noircie, appliquez votre feuille, fleur, ou la plante, mais en ayant soin d'éviter la confusion des feuilles, en supprimant les confuses ; recouvrez d'une autre feuille de papier et frottez assez fortement pour faire adhérer le charbon à la plante, enlevez délicatement celle-ci, posez-la sur une feuille de papier blanc, recouvrez d'une autre feuille de papier, puis frottez bien partout pour que l'impression soit bien nette, et dans le cas où il y aurait quelque défaut, passez au crayon ou recommencez en effaçant le charbon avec un chiffon, ce qui se fait facilement.

Lorsque vous aurez obtenu l'épreuve voulue,
passez sans frotter du lait sur ce dessin, laissez
sécher et il ne s'effacera plus : à défaut de lait
qui en vieillissant se brunit, faites une légère
décoction de gomme arabique, cela vous don-
nera le même résultat.

Si vous voulez imprimer une racine (carotte,
navet, etc.), coupez en lames très minces et
dans sa longueur cette racine amincie des deux
côtés ; essuyez et laissez sécher un peu, pour
que le charbon ne fasse pas bouillie, une demi-
heure suffit, pratiquez comme ci-dessus. Ces
exercices tout en amusant les enfants (qui peuvent les faire), les instruisent et leur donnent
le goût du dessin si utile... et ils apprendront
d'autant mieux qu'une leçon de choses est plus
facile à retenir.

Beaucoup d'herboristes fixent les plantes sur
le papier au moyen de bandes de papier gommé,
mais outre que la plante n'est pas partout fixée,
elle peut se replier et se casser ; tandis qu'en
prenant de la colle de pâte étendue sur du

papier, en posant sa plante sur cette colle et appuyant un peu partout, elle prend de cet enduit ; ensuite on l'enlève doucement et on la pose à l'endroit qu'elle doit occuper, il n'y a plus qu'à charger et laisser sécher pour qu'elle soit bien fixée. On peut joindre à l'eau qui fera la colle, une goutte ou deux d'acide phénique, et un peu d'arsenic pour empêcher les animaux de détruire votre herbier.

De la récolte et dessiccation des Plantes

FLEURS, FEUILLES ET RACINES

Des feuilles

Pour récolter les feuilles de plantes il faut
choisir un temps bien sec, puis les cueillir après
que la rosée est passée, mettre ces feuilles dans
un endroit très chaud pour que la dessiccation
se fasse promptement, mais ne pas les exposer
au soleil.

Des fleurs

Il ne faut pas cueillir les fleurs ni trop tôt, ni
trop tard, c'est-à-dire qu'au moment où elles
sont bien ouvertes, trop épanouies, elles au-
raient perdu une partie du parfum qu'elles
doivent avoir. Beaucoup de plantes, surtout
celles aromatiques, ne peuvent donner leurs
fleurs seulement, aussi on recueille les sommités fleuries avec leurs feuilles, telles l'absinthe,

la petite centaurée, l'hysope, la mélisse, etc., etc. Cette récolte se fait aussi après la rosée mais non pendant la grande chaleur de midi.

Des fruits

Récolter ceux-ci bien mûrs et non avariés.

Des bois et écorces

Les récolter avant la grande sève ou après la chute des feuilles, tels les résineux.

De la dessiccation

Il est très important de surveiller la dessiccation des plantes, d'où dépend leurs qualités; le soleil y nuit beaucoup par sa trop grande chaleur qui fait évaporer les parfums, et la nuit, par l'humidité qui est absorbée par la plante, le parfum s'en exhale avec l'eau absorbée; le meilleur procédé est de laisser la plante, une heure après avoir été coupée, à l'air, puis de la rentrer au grenier pour achever sa dessiccation. Les racines devront être séchées le plus promptement possible, au soleil si l'on veut, mais en ayant soin de les rentrer une heure avant que le soleil soit couché, le meilleur serait bien au-dessus d'un four de boulanger.

REMARQUE

Pour bien conserver l'arome et l'éclat des plantes et des fleurs il faut les mélanger à du sable très sec et les transporter au grenier.

Les plantes, fruits ou fleurs destinés à être macérés ou confits, devront l'être après la cueillette bien essuyés, mais non lavés.

Poids anciens

La livre autrefois était de 500 grammes environ.

L'once de 31 grammes 25 centigrammes.

Le gros ou drachme, 3 grammes 906.

Le grain, 0 gramme 202.

La cuillerée à bouche pèse environ 20 grammes, celle à café, 5 grammes.

Explication de quelques mots latins

USITÉS DANS CE LIVRE

Acerbus,	acerbe, âcre.
Aculeus, aculeatus, a, um,	écharde.
Acutus,	pointu.
Ager,	champ.
Agrestis,	des champs.
Alba,	blanc.
Alburnum,	aubier.
Allatum,	calmant.
Anti,	contre.
Apertus,	ouvert.
Aquaticus,	aquatique.
Arctus,	étroit.
Asper,	rugueux, rule.
Ater, a, um,	noir.
Augustus, tifolia,	étroit, étroit feuille.
Aut,	ou.

Bacifera,	baie.
Brevis,	court.
Bulbosus,	bulbeux.
Candidum, us, a,	blanc.
Capitata,	tête.
Caput,	tête.
Caro,	chair.
Caulis,	tige.
Ceruleo, us, um, a,	bleu.
Cineraceus,	gris cendré.
Cinctus,	environné.
Commiscere, cui,	mêlé.
Communis,	commun.
Contectus,	couvert.
Cortex,	écorce des fruits.
Crassus,	épais.
Cutis,	peau.
Deletur, a, um,	rayé, effacé.
Densus,	épais.
Dictum,	dit.
Dilute,	clair, clarifié.
Dulci,	doux.
Dumus,	buisson.
Edulis,	comestible.
Emissus, mitere, mi-tente,	élancé.

Excelsus,	très haut.
Exiguus,	petit, modique.
Exile,	menu, mince.
Facies,	face.
Fatuus,	doux.
Falsus,	faux.
Fère,	presque.
Fers,	porter.
Fermé,	à peu près.
Filatim,	mince.
Firma,	fermé.
Flavuus,	jaune.
Flavescentibus,	jaunâtre.
Flore,	fleur.
Fragilis,	fragile.
Fronduus,	fronde, petite feuille.
Fructu,	fruit.
Fulgens,	reluisant.
Fundus,	fond.
Fuscus, ca, cum.	brun.
Gemma,	drageon.
Glaber,	glabre, sans poils.
Globulus,	globe.
Glutinosus,	gluant.
Gracilis,	grêle, mince.
Gravis,	lourd, pesant.

Gravis odor,	odeur forte, lourde.
Hamus,	crochet.
Hamatus,	garni d'un crochet.
Hirsutus,	hérissé.
Hispana,	d'Espagne.
Hordeum,	jardin.
Hortensis,	de jardin.
Humile,	humble.
Incissura,	coupé, découpé, coupure.
Ingens,	grand.
Inferior frars,	le dessous.
Infirmé,	faiblement.
Infra,	par-dessous.
Intus,	dedans.
Intortà,	tortu.
Jucundus,	doux, agréable.
Labium,	lèvre.
Lucerasus, ratio,	lacéré, déchiré, découpé.
Lacertosus, a, um,	membru.
Latifolia, o, um,	large feuille.
Leucophœus,	gris.
Ligneus,	de bois.
Lignum,	bois.
Longiore,	long.
Luteus,	jaune.

Maculata, is,	tacheté, moucheté, maculé.
Magnus, a um,	grand.
Major.	plus grand.
Mas,	mâle.
Medulla,	moelle.
Medius,	moyen.
Minutus,	menu.
Minor,	plus petit.
Mixtus,	mêlé.
Molis,	mou, doux au toucher.
Nigra, um, er,	noir.
Oblongo,	oblong.
Obscure, o, um,	brun.
Oculus,	œil, drageon.
Opertus,	court.
Orbiculata,	orbiculaire.
Ordinatus,	rangé.
Ovatus,	ovale.
Officinalis,	officinal.
Opertus,	couvert.
Os, otis,	face, figure.
Ovatus,	ovale,
Paleus,	pâle.
Palmes,	drageon.
Palustris,	de marais.

Papilla,	mamelon.
Par, is,	pareil, couple.
Pars,	portion, partie, pièce, côté.
Partim,	en partie.
Pauci, ca, luteum,	peu, guère.
Parùm,	un peu.
Parvo, us, a, um,	petit.
Pellis,	peau.
Pers,	bleu, tacheté de bleu.
Planus,	plat, uni.
Plenus,	plein.
Ponde rosus,	pesant.
Pratensis,	des prés.
Pulchré, a, um,	beau.
Purpurascente, tibus,	pourpre.
Putamen,	coque.
Quadratus,	carré.
Racemosus,	grappe.
Radice, ix, ici,	racine.
Ramosus,	branchu, rameux.
Ratio, onis,	forme, en forme, façon.
Repens,	rampant.
Rugius,	raide.
Roseus,	rose.

Rotundis, a, um, iore,	rond.
Rubra, bente,	rouge.
Rupestris,	rocher.
Rus,	champ, champêtre.
Rusticus, cana,	des champs.
Sativa,	franc de pied, non sauvage.
Scabra,	rude.
Serotino,	tardif.
Seu, Sive,	ou.
Sidus,	étoilé.
Siliquosa,	silique.
Similus,	semblable, pareil.
Species,	apparence, forme, en forme.
Spicata,	épi.
Spina, osa,	épine.
Stellis, a, um,	étoilé.
Stipatus,	environné.
Suavitas,	doux, suave.
Sub,	presque, sous, environ.
Subsides,	au fond.
Subter,	dessous.
Sucus,	jus.
Super,	dessus.

Superior,	au-dessus.
Sylvestris,	sauvage.
Sylva, vela,	bois, des bois.
Talassimus,	vert de mer.
Tantulum,	tant soit peu.
Tcinctus,	teint.
Tenuis,	menu, mince.
Terrestris, rra,	terre, de terre, terres-
	tre.
Testa,	coque.
Torosa, radix,	racine, charnue.
Umbellata,	ombelle.
Uncinatus,	crochet.
Uva,	grappe.
Vel,	ou.
Verus, a, um,	vrai.
Villosus,	velu.
Violacea,	violet.
Viridi,	vert.
Viridi mare,	vert de mer.
Vulgare, go, garis,	vulgaire.
Vulneraria,	vulnéraire.
Vultus,	face, figure.

Explication de quelques termes médicaux

Aloxitère, alexiphar-
maque,   contre le venin.
Anodin,   adoucissant, cal-
mant.
Apozème,   décoction, remède li-
quide.
Aristolochique,   contre la gangrène,
le venin.
Astringent,   qui resserre.
Atténuant,   qui atténue les hu-
meurs.
Carminatif,   qui chasse les vents.
Cachexie, cachecti-
tique,   plein d'humeur.
Chronique,   aitcien.

Collyre,	remède pour les yeux.
Cordial,	fortifiant.
Diaphorétique,	sudorifique purifiant.
Discussif,	qui divise les humeurs.
Diurétique,	qui pousse les urines.
Emménagogue,	qui rappelle les règles.
Emollient,	qui amollit.
Expectorant,	qui fait cracher.
Fébrifuge,	qui chasse les fièvres.
Fomentation,	en forme de cataplasme.
Glutinosité,	humeurs épaisses.
Hydragogue,	qui tire beaucoup d'eau.
Hypnotique,	qui fait dormir.
Incisif,	qui divise les humeurs.
Stomachique } Pectoral	bon pour l'estomac.

1re CLASSE

**Plantes d'une saveur douce, aqueuse ou insipide qui
fournissent les adoucissants, rafraîchissants,
pectoraux, incrassants, anodins,
émollients, non acides.**

Guimauve ordinaire. *Althéa, ibiscus, his
maloa.*

VERTUS

La guimauve est un adoucissant très usité
dans les affections de poitrine, des reins, la
toux, la pleurésie, les ardeurs d'urine, les graviers, calculs; on fait infuser surtout la racine
ou on la prend en poudre, ses feuilles avec
celles de mauve et de saule empêchent l'inflammation des plaies (voir Cynoglosse), ses racines
bouillies dans un sirop sont de beaucoup préfé-

rables pour faire percer les dents aux enfants, que les hochets en ivoire qui leur durcissent les gencives plutôt que de les amollir. Enfin elle entre dans le sirop de Fernel pour la colique néphrétique.

Abutilon. *Althea theophrasti flore luteo,* fausse guimauve. Fleurs comme la guimauve, mais jaunes au lieu de couleur chair, de plus elles naissent dans l'aisselle des feuilles lesquelles sont arrondies en cœur, les semences sont noirâtres et ressemblent à celles de la guimauve.

VERTUS

Elle a les mêmes vertus que la guimauve, mais elle est plus diurétique, ce qui la fait préférer pour les maladies des reins.

Mauve vulgaire. *Malva vulgaris flore majore, folio sinuato* (à plis).

Mauve frisée. *Malva foliis crispis.*
Mauve à fleurs, rose-trémière, d'outre-mer, passe-rose. *Malva rosea è folio sub rotundo.*

Mauve en arbre. *Malva arborea. Althea maritima.*

VERTUS

Ce sont les mêmes que les guimauves, mais un peu moins agglutinantes.

Alcée, fausse guimauve. *Alcea.*
Ce qui distingue l'alcée des mauves et guimauves ce sont ses feuilles découpées en cinq ou six parties.

VERTUS

L'Alcée est adoucissante, un peu astringente et diurétique, ce qui est plus assuré dans les espèces qui viennent sur les montagnes.

Alcée vésicaire. *Ketmia vesicaria vulgaris.*
Fleurs jaunâtres de la mauve ayant les feuilles à peu près smblables mais découpées.

VERTUS

Mêmes vertus, mais elle est moins usitée.

Acanthe. Branc-ursine. *Acanthus.*

Fleur monopétale, anomale, fruit de la figure d'un gland qui renferme en deux cellules plusieurs semences, les feuilles sont belles, larges, bien découpées, empreintes d'un suc glutineux.

VERTUS

Les feuilles s'emploient en lavement, fomentation et cataplasme émollient.

Acanthe épineuse. *Acanthus aculeis minutus et brevioribus.*

Acanthe vulgaire, épineuse. Branc-ursine bâtarde. *Sphondillium vulgare hirsutum.*

Fleurs en ombelles, disposées en rose, à plusieurs pétales inégaux, en forme de cœur, disposés en rond autour du calice, blancs ou pourpres, fruits composés de deux semences aplaties, ovales.

VERTUS

Ces plantes sont très émollientes, le suc jaunâtre des racines pilé et appliqué sur les petites tumeurs calleuses les amollit et les résout et dissipe; les semences sont incisives des glutinosités, carminatives, expectorantes, diurétiques, emménagogues et un peu antispamodiques. On l'emploie en poudre ou en infusion.

Amandier à fruit doux. *Amygdalus dulci fructu major.*

Amandier amer, *Amygdalus amara.*

VERTUS

Les amandes douces sont nourrissantes, adoucissantes, restaurantes, laxatives. l'huile est très usitée dans les douleurs inflammatoires ou autres affections de la poitrine, des reins, de la vessie, elle est aussi un peu laxative. tient le ventre libre, elle fait la base des potions huileuses, des loochs; les amandes entrent dans les émulsions, le sirop d'orgeat, le looch commun, qui sont adoucissants, rafraîchissants; prises à l'heure du sommeil, elles font reposer.

Elles entrent dans le Diaphenic, pour adoucir l'âcreté des autres ingrédients purgatifs, hydragogues.

Les amandes amères sont moins rafraîchissantes, donnent un goût moins fade au sirop d'orgeat; elles ont une vertu stomachique qui les rendent moins pesantes, et une vertu diurétique qui les rendent plus faciles à passer; elles entrent dans le trochisques d'Alkekenge qui est diurétique, narcotique et adoucissant, dans l'électuaire de baies de laurier qui est stomachique, incisif, carminatif, diurétique et emménagogue; l'huile est un fort bon émollient détersif contre les vers, adoucissante dans les affections des reins, etc. Enfin la coque, en tisane, est très adoucissante.

Réglisse ordinaire. *Glycirisa radice repente vulgaris.*

Réglisse fausse.

VERTUS

Les racines de la première espèce sont un très bon adoucissant dans la toux âcre, son suc entre dans les sirops, pastilles, adoucissants et béchiques ; comme correctif dans les composés purgatifs, comme le lénitif fin, le diarprun, l'électuaire universel, la confection hamec, les pilules de strakel, le savon d'aloès ; le suc épaissi entre dans la thériaque, l'orviétan, les trochisques d'Alkekenge, les pilules de styrax, pour lier les ingrédients ensemble ; enfin pour sucrer la décoction de coque d'amandes, dont on fait une tisane à laquelle on ajoute cinq grammes de bicarbonate de soude (sel de Vichy) par litre, pour les aigreurs d'estomac, remède absolument souverain.

Astragale. *Astragalus.*

Caractère de la réglisse, fleur jaune pâle ou blanchâtre, légumineuse, dont le fruit allongé et recourbé est rempli de graines lenticulaires. Dans les bois.

VERTUS

Elle est adoucissante, un peu astringente dans le cours de ventre et diurétique. Extérieurement en poudre ou en décoction ou fomentation est très bonne pour déterger et cicatriser les plaies.

Bouillon blanc, molène. *Verbascum mas latifolium et flore luteo.*

Bouillon blanc femelle. *Verbascum femina flore lutea majus.*

Bouillon blanc des Parisiens, rameux. *Verbascum ramosum.*

Fleurs monopétales, jaunes, autour d'un bâton qui vient d'une hauteur d'un mètre et plus, feuilles grandes, larges, blanches et très cotonneuses.

(Fleurs, 20 à 30 grammes par litre.)

VERTUS

Pour récolter les fleurs il faut les faire sécher promptement et les serrer à l'abri de la lumière en les tassant, car sans cela elles noircissent et perdent leurs propriétés. Infusées comme le thé elles sont très adoucissantes, un peu astringentes, ce qui donne du ressort aux fibres. En infusion dans l'huile, on en fait un baume très adoucissant, résolutif et anodin dans le tonesme (dysenterie), les hémorroïdes, les plaies récontes. Toute la plante en fomentation (cataplasme) est souveraine pour les plaies avec inflammation, les tourniolos, etc.

Arroche blanche. *Atriplex hortensis.*

Arroche rouge. Bonne dame. Follette. *Atriplex rubra.*

Poirée blanche. Bette. *Betta officinarum.*

Poirée rouge vulgaire. *Betta rubra.*

Betterave rouge. *Betta rubra.*

Blette blanche ou rouge. Lisette. *Blitum.*

VERTUS

Toutes ces plantes, sont très connues, et comme rafraîchissantes pour la dysenterie, les feuilles appliquées sur un cautère entretiennent une douce fraîcheur pendant la suppuration.

Violette. Violier. *Viola martia purpurea flore simplici et odorato.*

Pensée. *Viola hortensis repens jacea tricolor sive flore trinitatis.* Fleur de la trinité.

(Fleurs, 10 grammes par litre.)

VERTUS

L'infusion des fleurs de violettes est émolliente, béchique et un peu laxative, c'est une des quatre fleurs cordiales; on en fait une conserve, un sirop pour les loochs pectoraux, elles entrent dans les pilules émollientes, fondantes et purgatives de sagapenum, dans les sirops de jujubes, de tortues et d'érésymum. Le sirop de violette est un laxatif pour les enfants, on le donne par cuillerées à café. Les semences sont purgatives, hydragogues, adoucissantes et entrent dans le lénitif fin, l'électuaire de psyllium, le diaprun. La racine est vomitive, cinq grammes par tasse, en poudre ou en infusion. Les fleurs de pensées sont aussi dépuratives, diurétiques; on l'emploie contre l'eczéma, les dartres, boutons et toutes maladies de la peau; On les fait infuser dans le vin avec des feuilles de séné pour rendre le purgatif plus actif, 10 grammes chaque, sulfate de soude 30 grammes, vin blanc un litre qu'il faut faire tiéder d'abord pour laisser infuser le tout deux ou trois jours, passer et exprimer dans un linge, en prendre un verre chaque matin.

Il faut continuer jusqu'à guérison complète et diminuer la dose si l'estomac se fatiguait ou si les selles étaient trop abondantes.

Epinard. *Spinacia vulgaris,* mâle ou femelle.

VERTUS

C'est un émollient laxatif, qui purifie le sang doucement, il apaise les inflammations intérieures et appliqué en fomentation sur le ventre et le foie, en dissipe les inflammations. L'usage fréquent du bouillon d'épinard et de veau soulage beaucoup les asthmatiques et les guérit même, lorsque celle-ci est récente.

Chenillée. Bon Henri, épinard sauvage, *Chenopodium.*

Botris. Thé du Mexique. *Chenopodium ambrosoïdium.*

Chenillée fétide. *Atriplex fœtida Chenopo-dium fœtidum*, patte d'oie puante.

VERTUS

Elles sont émollientes en cataplasme antihys-tériques et antispasmodiques, on s'en sert peu intérieurement, quoiqu'il n'y ait pas de danger.

Mercuriale mâle. Ramberge, foirole, marcoi. *Mercurialis mas.*

Mercuriale femelle (50 grammes par litre, en décoction, l'une ou l'autre, prise fraîche.

VERTUS

Elles sont laxatives, apéritives, rafraîchis-santes ; on en fait le sirop de longue vie, qui est très bon laxatif rafraîchissant. On s'en sert aussi en lavement. La plante fraîche, mise très chaude sur la joue, soulage beaucoup le mal de dents. Bouillie et mise tiède avec son jus, fait tomber les croûtes qui sont sur la tête, appelées croûtes de lait. Elle doit être employée toujours fraîche.

Mûrier à fruit noir. *Morus fructu nigro.*

Mûrier blanc. *Morus fructu alba.*

VERTUS

Les mûres apaisent la soif; presque mûres, elles sont astringentes, répercussives dans les maux de gorge, le scorbut, ou dans les maladies où la pourriture domine, l'écorce de la racine est apéritive et un vermifuge éprouvé.

Ronce. *Rubus vulgaris fructu nigro.* Ronce épineuse.

Framboisier. *Rubus ideus fructu nigro nut alba.*

VERTUS

Les framboises ont les mêmes vertus que les mûres, sauf les racines qui sont apéritives et diurétiques. Les extrémités des branches tendres ou les feuilles de ronce sont de très bons astringents mêlés avec les fleurs de roses pour les gargarismes dans les maux de gorge.

Bourrache, à large feuille et fleur bleue. (*Borrago*).

Buglose. Bourrache à feuille étroite. *Borrago, augustifolium majus,* langue de bœuf.

Buglose à racine rouge. *Buglosum radice rubra orcanette.*

Buglose sauvage, petite bourrache. *Asperugo.*

Echium *vulgare.* Herbe aux vipères.

Pulmonaire. Herbe au muguet, aux chancres, pulmonaire des bois, à feuilles larges, marbrées, pulmonaire officinale.

Pulmonaire à feuilles étroites marbrées.

Toutes ces plantes se ressemblent par les poils piquants qui sont sur les feuilles, les racines noires en dessus et blanches en dedans, gluantes au dedans, elles ont toutes les fleurs bleues.

Feuilles sèches, 20 grammes ; racine, 20 à 40 gr.

VERTUS

Toutes les bourraches sont d'excellentes pectorales très usitées dans les maladies inflammatoires de la poitrine (gastrite) pour lâcher le ventre, calmer l'effervescence de la bile et des humeurs, les fleurs de bourrache entrent dans les quatre fleurs cordiales dans le sirop d'erezymum, qui est un très bon incisif de l'humeur des bronches.

La pulmonaire des bois à feuille marbrée, est excellente pour le muguet des enfants, en les faisant infuser et en laver souvent la bouche aux enfants et même leur en faire avaler, car très souvent les boutons qui sont dans la bouche indiquent qu'il y en a aussi dans l'estomac. L'orcanette est un très bon astringent adoucissant pour dessécher les plaies et vieux ulcères, l'écorce de la racine donne une couleur rouge aux huiles, onguents ; il ne faut pas faire infuser longtemps les fleurs de toutes les bourraches, afin que la décoction reste bleue.

Gremil. Herbe aux perles. Thé de marais. *Lithospermum majus erectum.*

Gremil. *Repens, minus.*

Feuilles et racines des bourraches, semences dures, blanches, polies, ressemblent à des perles, fleurs bleues en entonnoir.

VERTUS

Des bourraches, les semences en poudre sont diurétiques, apéritives, carminatives, emménagogues : les fleurs prises comme du thé le matin, sont excellentes pour remettre un estomac délabré, surtout si l'on y ajoute 5 grammes de bicarbonate de soude ; de même pour les aigreurs d'estomac, remède excellent, inoffensif, on peut aussi prendre feuilles et fleurs.

Pulmonaire de France. *Pulmonaria gallicæ.*
Fleurs à demi-fleurons, semences garnies d'aigrettes.

VERTUS

Des bourraches, intérieurement et extérieurement.

Bourrache petite. Herbe au nombril. *Onpha-lodes simplici folio minus.*

Fleurs monopétales, découpées en roses, fruit composé de quatre capsules creuses, comme un nombril, semences plates comme celles du lin.

VERTUS

Des bourraches, avec quelque légère astric-tion, ce qui la rend précieuse dans le crache-ment de sang des phtisiques.

Oynoglosse. Langue de chien. *Cynoglosum majus vulgare.*

Fleur monopétale en entonnoir, découpée en plusieurs parties, rouge, le fruit est camposé de quatre semences ressemblant chacune à un nombril d'où on l'appelle aussi nombril de Vénus; ses feuilles, assez semblables à celles de la consoude, sont moins grandes et beaucoup plus douces au toucher; elle vient dans les ma-rais comme la consoude dont elle a le port.

VERTUS

La cynoglosse est un fort bon adoucissant et calmant pour les catarrhes ; elle arrête les pertes rouges et blanches surtout s'il y a douleur, car elle est aussi un peu narcotique ; elle épaissit le sang et par là devient précieuse pour les anémiques ; étant prise avec l'eau ferrugineuse, on en fait un sirop très bon pour la nuit, dans la toux qu'elle calme et qui soulage sûrement, étant mêlée au lierre terrestre, pour un quart. Elle s'emploie aussi pour les cours de ventre avec coliques. Les feuilles extérieurement sont émollientes, anodines, bouillies dans le lait pour la goutte, le rhumatisme, les contractions spasmodiques des fibres (crampes), le suc avec l'opium sert à confectionner les fameuses pilules de cynoglosse employées dans les insomnies, la toux, les affections de poitrine avec irritation, tels les rhumes et autres irritations, une ou deux de ces pilules le soir en se couchant sont très utiles.

Jusquiame noire, vulgaire. *Hyosciamus*.

Jusquiame blanche, grande. *Hyosciamus alba major*.

Fleur monopétale en entonnoir, découpée, d'un blanc tirant sur le jaune ; le fruit, gros comme une noisette, ressemble à une marmite munie de son couvercle, lequel, lorsqu'il est ôté, montre un intérieur rempli de semences jaunâtres rondes et rugueuses, les feuilles très découpées en pointe, assez longues, la tige montant à 0 m. 60 c. et plus, elle vient sur le bord des chemins où aucun animal ne la mange.

VERTUS

Les jusquiames sont des poisons stupéfiants et narcotiques, dont on ne doit point employer à l'intérieur, cependant les semences de la blanche entrent dans les pilules de cynoglosse, l'huile par expression entre dans le baume hypnotique. Le suc dans l'huile de mandragore, les feuilles cuites dans le lait, sont très bonnes en cataplasme, dans la goutte ; l'huile encore est bonne pour calmer les douleurs du mal d'oreille, la fumée des semences guérit le mal de dents. Les feuilles entrent dans l'onguent populeum et les pilules de Méglin, étant jetées sur le feu, elles soulagent les crises d'asthme par la fumée en la respirant et en se mettant les parties atteintes d'engelures sur cette fumée, elle les guérit.

Epimedium. Chapeau d'évêque.

Fleur en croix, fruit en gousses remplies de semences, feuilles trois à trois de la figure de celles du lierre.

VERTUS

Feuilles humectantes, rafraîchissantes. Sert peu en médecine.

Pavot, coquelicot, pabous, *ponceau,* etc. *Papaver craticum majus.*

Pavot blanc des jardins. *Papaver alba hortensis semine albo.*

Pavot noir. *Papaver hortensis nigra.*

Feuilles grandes, très découpées, d'où il sort de la tige comme un suc laiteux et blanc, d'ailleurs très connu.

VERTUS

De la tige du pavot, le blanc surtout, on tire l'opium. Les têtes de pavots étant sèches sont employées comme narcotique, elles arrêtent les pertes blanches ou rouges, les hémorragies, elles sont antihystériques, antispasmodiques; calment toutes les douleurs et irritations, la toux âcre et servent en décoction dans les tisanes et lavements pour la colique ; de là, on en fait le sirop Diacode, qui entre dans les pilules narcotiques et expectorantes de Styrax, les tablettes béchiques. Mais de toutes les préparations à l'opium ou au pavot, il ne faut pas en abuser et laisser au médecin le soin de s'en servir à l'intérieur. On fait avec les graines du pavot l'huile d'œillette qui sert en cuisine et qui ne contient nullement trace d'opium, elle est très adoucissante et anodine. Les feuilles entrent dans l'onguent populeum, le baume tranquille, etc.

Seneçon petit, vulgaire. *Senecio vulgare minor.*

VERTUS

Il est un apéritif humectant, rafraîchissant extérieurement; pilé et appliqué sur les plaies, il est vulnéraire, on peut l'employer en cataplasmes et lavements émollients surtout, quelques gouttes du suc dans le mal d'oreilles le dissipe sûrement et promptement, on peut y mêler un peu d'huile d'amandes de pêche.

Tussilage non odorant. Pas-d'âne, herbe à la toux. *Tussilago (filius ante patrem)*.

Les fleurs naissent avant les feuilles où elles ressemblent à celles du pissenlit ou de l'aster, les feuilles sont radicales, blanches dessous, vertes en dessus, presque rondes.

VERTUS

C'est un très bon adoucissant dans les toux âcres, dans les ulcères de la poitrine, la fleur entre dans tous les sirops pectoraux et tisanes, la feuille fumée en cigarette soulage dans les commencements d'asthme.

Lys blanc, vulgaire. *Lilium vulgare alba*.

Lys orange (Safrané). *Lilium purpureo croceum majus*.

Lys petit. *Lilium purpureo croceum minus*.

Couronne impériale. *Corona imperialis.*

Lys de St-Bruno. *Liliastrum alpinum minus.*

Asphodèle mais qui n'est qu'un lys à fleur et racine d'asphodèle. *Lilium Asphodelus luteo.*

Jacinthe, lys jacinthe. *Lilium Hyacinthus vulgaris.*

VERTUS

Toute la plante est émolliente, adoucissante, maturative, on fait par la distillation des fleurs une eau très odorante; l'oignon sert à amollir, relâcher, résoudre, adoucir pour faire suppurer les abcès, on fait infuser au soleil, dans l'huile, la fleur, on peut l'ajouter aux lavements dans les grandes coliques; elles entrent dans l'emplâtre de Vigo qui est émollient et fondant, la racine de la couronne impériale entre dans le diabotanum qui est digestif et résolutif, les oignons cuits sont excellents pour les brûlures quelles qu'elles soient.

Lin cultivé. *Linum sativum.*

Lin sauvage. *Linum sylvestris a minima* (10 grammes).

VERTUS

On se sert de la graine de lin plus particulièrement soit entière, pour adoucir les âcretés de poitrine, l'inflammation des intestins, soit en tisane, soit pour l'extérieur en farine et en cataplasme pour adoucir, résoudre, amollir, dissiper les inflammations de toutes sortes ; dans la hernie pour calmer la douleur, avec quelque narcotique et l'aider à remonter. On en fait aussi avec l'huile de lin une excellente glue, en la faisant bouillir jusqu'à ce qu'elle ait assez de consistance.

Laitue cultivée. *Lactua sativa.*

Laitue sauvage. *Lactua sylvestris.*

VERTUS

On tire des feuilles distillées une eau qui sert de base aux juleps rafraîchissants et aux

somnifères, on l'emploie intérieurement en
bouillons, lavements rafraîchissants, diurétiques, pour modérer les ardeurs de la bile, du
sang; elle est antiaphrodisiaque, augmente le
lait aux nourrices, et entre dans l'onguent populeum si bon pour les hémorroïdes, le sirop de
tortue, de jujube. Fricassée avec du pourpier et
du vinaigre est très efficace dans la migraine.
La semence est une des quatre petites mineures
et entre dans les potions rafraîchissantes à la
dose de 10 à 15 grammes.

Pourpier. *Portulaca sativa et latifolia.*

Pourpier sauvage. *Portulaca sylvestris minor et luteo.*

Pourpier de mer. *Feu portulaca maritima*, ce
dernier, caractère de l'arroche.

VERTUS

Le suc, dans les tisanes, convient beaucoup
dans les maladies aiguës, les fièvres chaudes
pour calmer l'effervescence du sang et des hu-

meurs; c'est un très bon rafraîchissant détersif, pour nettoyer les gencives des scorbutiques; on en tire une eau par expression, c'est un des plus assurés remèdes dans les hémorragies et les pertes de sang des femmes, elle est bonne encore pour faire mourir les vers des enfants; l'usage de cette plante est bon pour les crachements de sang; la feuille mâchée guérit les ulcères de la bouche et apaise la soif de même que les dents agacées; ses semences sont une des quatre semences froides mineures; la plante pilée et mise en cataplasme sur le foie est très souveraine et en calme les ardeurs ainsi que douleurs de goutte et de rhumatisme. Le pourpier de mer, qui est un peu salé, passe pour antispasmodique et astringent.

Nénuphar. Lys d'étang, babeau, volet. *Nymphea alba, major.*

Nénuphar jaune. *Nymphea lutea major.* (Racines, 30 grammes.)

VERTUS

Le suc visqueux des racines est très adoucissant, rafraîchissant et antiaprodisiaque. Deux ou trois pincées des racines en poudre calment très bien les personnes par trop surexcitées ; les feuilles amorties au feu et appliquées très largement et chaud calment très bien les névralgies. On tire des fleurs distillées une eau très bonne pour les démangeaisons de la peau, elle entre dans les potions, juleps, onguents calmants, rafraîchissants, elle est un peu narcotique, le soir surtout.

Epi d'eau à feuille ronde. *Potamageton.*
Fleur en croix et en épi, semences oblongues ramassées. 4 à 4, tige noire, feuille nageant sur l'eau.

VERTUS

Elle est rafraîchissante, un peu astringente pour la dysenterie, en tisane, extérieurement en décoction pour les dartres et démangeaisons de la peau, ordinairement on s'en sert à défaut du nénuphar.

Pariétaire officinale. *Parietaria officinarum Helexines.*

VERTUS

Elle est très diurétique et rafraîchissante, pour la pierre, la gravelle; elle entre dans le sirop de guimauve composé, celui de Fernel, qui sont diurétiques, adoucissants et apéritifs.

Psillum. Herbe aux puces. *Psilium sapinum majus.*

Psillum *dioscoridis vel indicum crenatis folio.*

Fleur monopétale, évasée par le haut, découpée en quatre parties, le fruit ou coque s'ouvre transversalement en deux loges remplies de semences oblongues, menues, luisantes, ressemblant à des puces; elles diffèrent du plantain par ses tiges rameuses et feuillues.

VERTUS

La semence est un peu astringente en tisane dans les crachements de sang, la dysenterie, les gonhorrées; on peut en faire des injections.

Miagrum *monospermum latifolium.*

Miagrum *dictum camelina.* Cameline.
Fleur en croix dont le pistil se change en une
capsule en forme de poire, remplie de semences
oblongues ayant, en haut, deux petits espaces
vides.

VERTUS

Elles sont très bonnes pour amollir et adoucir
les écrotés de la peau.

Olivier. *Olea sativa.*

VERTUS

L'huile est adoucissante comme celle d'amande
douce, elle entre dans une foule de remèdes,
car elle est longue à rancir, on peut lui substituer l'huile d'arachide pour toutes sortes d'infu-
sions, cependant elle est bien plus vulnéraire,
mais pour les compositions huileuses celle
d'arachide rancit beaucoup moins ; on se sert de
l'huile d'olive pour la colique ; hommes, demi-

verre; cheval, une chopine; elle adoucit beaucoup et ne fait pas autant de crasse que l'huile de noix ou de lin. Deux cuillerées d'huile avalées, en une société où l'on craindrait de s'enivrer, empêchent l'ivresse mais font beaucoup uriner. Etendue sur une brûlure avec un à deux pour cent de chlorhydrate de cocaïne, la calme toujours.

Figuier. *Ficus communis.*

VERTUS

Les figues sont très adoucissantes et pectorales, mais les sèches sont plus digestives que les fraîches, à cause de leur eau visqueuse; le suc des feuilles, qui est laiteux, est un rongeant pour les cors, les verrues; délayé dans l'eau il est détersif pour les plaies et ulcères.

Rossolis *folio subrotundo.* Herbe à la goutte.

Fleur en rose, calice en cornet, fruit ovale, oblong, qui s'ouvre par le haut et est rempli de semences oblongues ou rondes; feuilles en forme de cure-oreilles, garnies de poils, qui paraissent toujours gouttantes de rosée.

VERTUS

Elle est incisive et expectorante, elle passe pour antispasmodique et par une qualité diaphorétique, elle purifie le sang et est alexitère. On peut en faire une eau pour fortifier la vue.

Carroubier. *A siliqua edulis.*

Fleurs à étamines, fruits à siliques.

VERTUS

Ces siliques sont un peu adoucissantes, astringentes et diurétiques, on s'en sert, en tisane, pour la toux.

Vigne. *Vitis apiana.*

VERTUS

Qui ne connaît la vigne, ses fruits et ses sous produits dont je ne parlerai que pour leurs utilités si différentes, lorsque le jus du raisin a été transformé en vin et eau-de-vie, ainsi qu'en vinaigre? Le vin, additionné d'eau, est très utile pour laver les plaies, les nettoyer, de même l'eau-de-vie, qui est plus précieuse, parce que les remèdes qui en sont imprégnés se gardent très longtemps.

Le vin fraîchement tiré est laxatif, puis par la fermentation, selon ses qualités, il est tonique, et plus ou moins salutaire, c'est-à-dire plus ou moins acide; le vin acide cause des aigreurs d'estomac et par là devient un empêchement à la digestion, cette aigreur que les travailleurs des champs ne connaissent que trop, disparaît bien vite si l'on prend un alcalin, tel, par exemple, gros comme une fève commune, de sel de Vichy, remède inoffensif, mais qui fluidifie le sang un peu, à celui qui en abuserait, tel par exemple, plus de cinq grammes par jour, dose pour faire un litre de Vichy. Ce sel se vend dans le commerce environ 0 fr, 60 à 0 fr. 70 le kilo. Les gastrites pourront donc être évitées par cet emploi et surtout l'abstinence d'un vin par trop acide (vert).

L'eau-de-vie que chacun connaît ne doit jamais être absorbée pure par les estomacs

délicats et surtout par les jeunes gens, car il a
été formellement reconnu qu'un jeune animal
qui absorberait de l'eau-de-vie reste nain, ché-
tif, nerveux et dégénéré, de plus, la digestion se
fait bien plus lentement chez celui qui a absorbé
de l'alcool après le repas, cet excellent remède
ne devrait donc être employé qu'à l'extérieur
comme les teintures. On tire de la vigne une eau
excellente pour la vue, surtout si on y a fait
infuser quelques plantes qui augmentent ses
vertus.

Le vinaigre très fort est aussi employé dans
beaucoup de remèdes dont je parlerai dans la
suite, notamment lorsque, à la suite d'un travail
fatigant, que l'on est en sueur, un petit verre
de vinaigre de vin peut empêcher, très souvent une fluxion de poitrine, réchauffé au
moyen de verres de bouteilles très noirs, lesquels ont été mis à rougir au feu, puis éteint
dans ce vinaigre, pris dans la bouche tout le
plus chaud qu'on peut sur une dent cariée,
apaise le mal de dents et les fait tomber sans
que l'on s'en aperçoive, cependant qu'il n'y a
aucun inconvénient pour les dents saines, l'on
fait du tartre de vin (gravelle) une eau excellente pour les dartres, grattelle, teigne, plaies et

ulcères et toutes les maladies de la peau, les verrues, rides du visage, etc. Cette eau blanchit et nettoie l'argent, le cuivre.

Voici comment on fait cette eau : Mettre dans un linge, en toile de chanvre cette gravelle, puis on la met dans de la cendre très chaude, puis, lorsque après l'avoir goûtée, vous trouverez qu'elle pique la langue et qu'elle soit bien blanche, vous l'ôterez et la suspendrez dans une cave très fraîche, il s'écoulera alors l'eau que vous désirez.

Pommier. *Malus.*

VERTUS

Les pommes sont humectantes, rafraîchissantes, laxatives et diurétiques, mais surtout cuites.

Abricotier. *Armeniaca.*

VERTUS

Le fruit de l'abricotier, lorsqu'il est trop mûr, porte un peu à la dysenterie, les amandes des noyaux ont les mêmes vertus, tant qu'à leur huile, que les amandes amères, laquelle est bonne pour les hémorroïdes, les bruissements d'oreilles, la surdité.

Acacia ordinaire. *Pseudo acacia.* (Faux acacia).

VERTUS

Fleurs adoucissantes, cordiales, émollientes, laxatives, mais servent peu.

Prunier cultivé (damas noir.) *Prunus sativa fructu parco dulci.*

VERTUS

Les prunes sèches sont humectantes, rafraîchissantes et laxatives. On s'en sert en décoction pour en faire le véhicule dans les potions purgatives. Elles donnent leur nom à l'électuaire de Diarprun qui est purgatif, la gomme qui découle de l'arbre comme celle des amandiers est souvent substituée à celle de la gomme arabique dont elle a à peu près les mêmes vertus.

Blé. Froment. *Triticum.*

Seigle. *Secale.*

VERTUS

Le seigle, soit en grain ou en farine, est très rafraîchissant, soit à l'intérieur, soit à l'extérieur (cataplasme); l'eau où il a bouilli est excellente pour les inflammations d'intestins, donné en grain et bouilli à la dose de un litre par repas, apaise la toux des chevaux et l'empêche de tourner à la pousse.

La fleur coupe les fièvres à la dose d'une cuillerée à bouche infusée pendant 48 heures et en prendre un verre le matin, coupe la fièvre avant l'accès (Fleur de seigle, une cuillerée, vin blanc un litre).

L'ergot à un ou deux grammes, en poudre, est bon pour hâter l'accouchement et prévenir les hémorragies, car il fait contracter l'utérus. On s'en sert aussi dans les crachements

de sang, pertes utérines, un ou deux grains, ou
en pilules à vingt centigrammes jusqu'à dix par
jour pour les mêmes cas. Toutefois, il ne faut
pas oublier que l'ergot de seigle est un poison
violent et très dangereux.

Orge. *Hordeum.*

VERTUS

La tisane d'orge est très adoucissante et nourrissante, et la farine, substituée à celle de
l'avoine, nourrit mieux et échauffe beaucoup
moins les chevaux.
Elle entre dans le sirop d'orgeat.

Avoine. *Avena.*

VERTUS

L'avoine nourrit beaucoup mais échauffe
aussi comme nourriture pour les chevaux. Il ne
faut pas en abuser surtout pour ceux qui tra-
vaillent beaucoup, car elle les use vite mais les
dispose moins à la pousse que le foin.

On se sert de la farine pour faire un pain très nourrissant que l'on appelle pain de gruau, et en cataplasme elle est résolutive.

Millet. Mil. *Millium.*

Millium. *Shorgo.*

Maïs. Blé de Turquie.

VERTUS

Ces plantes ou grains sont peu employées.

Ouillette. *Cotyledon.* Nombril de Vénus.

Plante grasse venant sur les rochers, en forme d'ouillette, tige de 0 m. 10 à 0 m. 15 de hauteur, fleur monopétale en cloche allongée en tuyau et découpée en plusieurs pointes. Les semences sont très petites ressemblant à de la poussière.

VERTUS

Les feuilles écrasées ou le suc est rafraîchissant, répercussif dans les hémorroïdes. Cuites avec de la graisse de porc et mises en cataplasme sur les abcès, les fait percer très promptement.

Fenugrec. Senegrain. *Fenum grecum.*

Fleur légumineuse, fruit jaunâtre, ayant une odeur douce très prononcée.

VERTUS

La farine en cataplasme est très usitée comme maturatif. Les semences entières en lavement et en décoction sont très adoucissantes et laxatives, en farine mêlée à celle d'avoine par une cuillerée et dix d'avoine à chaque repas, deux fois par jour, dispose les bœufs à l'engraissement, fait détacher la peau de dessus les côtes, mais ne doit pas être employée jusqu'à la fin de l'engraissement, car elle fait une mauvaise graisse, on ne doit pas non plus cesser tout à coup, les animaux en seraient contrariés dans leur santé. Ceux qui emploient la farine ou le grain entier s'exposent à voir leur bétail rejeté des bouchers, car à leur haleine on sent très bien cette odeur.

Certains cultivateurs emploient le fenugrec quelquefois pur à la dose de 4 à 6 cuillerées, mais les animaux sont exposés aux coups de sang et ils suent beaucoup.

Pied de Chat. *Helycrisum montanum.*

Fleurs à fleurons, calice écailloux, semences à aigrettes.

VERTUS

Elle est adoucissante, détersive, astringente et vulnéraire, qui convient bien dans les crachements de sang.

Citrouille. *Auguria. Citrullus.*

Melon. *Mello vulgaris. Pepo.*

Calebasse. *Cucurbita folion longua molli flore alba.*

Concombre. *Pepo.*

VERTUS

On se sert des graines qui sont une des quatre semences froides. On en tire une huile bonne pour la cuisine, qui est verte et entre dans l'emplâtre de blanc de baleine. Elles entrent dans le sirop d'orgeat et l'on ne prend guère que les semences de citrouille qui sont de beaucoup plus grosses. Pour le ver solitaire on prend environ 200 graines, on en enlève l'écorce puis on les pile à les réduire en pâte en y ajoutant du sucre, puis l'on mange cette pâte le matin à jeun, en une fois; une heure après ou une demi-heure, on prend trente grammes d'huile de ricin pour purger. l'on veillera à ce que la tête du ver soit sortie, sinon il faudrait recommencer quelques jours après (dose pour un adulte).

Sapin. *Abies.* Sapin rouge. La pesse. *Tenuore folio.*

Sapin ou pin. *Laxi folio.*

VERTUS

La graine de pin est très adoucissante, restaurante, aphrodisiaque, un peu diurétique, pectorale, très bonne dans la phtisie, bronchite, les catharres, pour déterger les ulcères internes et adoucir les humeurs qui les entretiennent. On en tire une huile par expression qui possède toutes les vertus de celle d'amande douce.

Les bourgeons de sapin ou de pin sont excellents en tisane pour les rhumes de poitrine, bronchites, comme pectoraux, balsamiques, adoucissants.

La résine ou colophane sert à faire les topiques mêlés avec les huiles médicamenteuses. On en fait un onguent pour les plaies, ainsi composé : résine et suif de bœuf ou de mouton parties égales et l'on peut rendre cet onguent plus consistant ou moins, plus ou moins actif en y ajoutant des huiles médicamenteuses et en diminuant le suif, on peut aussi prendre d'autres résines balsamiques telles que baume de tolu, de Judée, du Canada, etc., selon ce que l'on veut en faire.

On tire encore du sapin et du pin le goudron, dit goudron de Norvège ou goudron végétal qui sert à bien des médicaments, telle l'eau de goudron qui se fait ainsi : enduire un pot de terre par toutes les parois intérieures, puis verser de l'eau, à boire 24 heures après, remplir au fur et à mesure que l'on boit, cette eau est très souveraine pour les affections des bronches, les catharres, et l'on peut s'en servir pour faire des tisanes pectorales ; répandu sur le feu et aspirer la fumée, soulage tous les rhumes de cerveau.

Carragaheen. Algues, varech, goëmons, *fucus* et autres plantes marines, plantes grasses pour la plupart.

VERTUS

On tire de ces plantes l'iode dont on se sert contre l'obésité, la scrofule, la syphilis, les engorgements et la toux ; 10 grammes d'infusion de carragaheen contre les maladies ci-dessus.

Miel. Le miel fortifie l'estomac étant pectoral, il excite le crachat, raréfie la pituite grossière, il aide à la respiration, lâche le ventre, pousse les urines et produit un sang bien conditionné ; extérieurement, il est très bon pour les piqûres de guêpes, cousins, abeilles, etc., étant anti-venimeux.

Plantes ou extraits de plantes étrangères

(1ʳᵉ CLASSE)

VERTUS

Acajou (noix d'). L'amande cuite sous la cendre chaude, a le goût d'aveline, elle est adoucissante dans les maladies du poumon, l'huile récente est âcre et caustique, bonne pour nettoyer et ronger les chairs baveuses des vieux ulcères.

Aouara ou *Ayera*. On en tire une huile qui, pour être bonne, doit être jaune dorée, d'une consistance de beurre avec une odeur d'iris, c'est l'huile de palme, laquelle est adoucissante, résolutive et fortifiante dans la goutte, le rhumatisme, les tumeurs froides.

Canne à sucre, *Sacharum. Arundo saccharifera*. Le sucre donne des aigreurs et engendre des vers lorsqu'on en abuse, mais il est très nourrissant.

VERTUS

Noix d'ébène. L'huile s'appelle *Balanium, oleum*, qui ne rancit jamais; on s'en sert dans la gale, les dartres, démangeaisons de la peau, comme résolutive, détersive et dessiccative; elle adoucit les chairs et la peau, mais ne s'emploie pas intérieurement étant trop purgative et émétique.

Cacao. Le cacao est adoucissant dans les affections de poitrine et même stomachique. Le beurre de cacao est un excellent adoucissant et restaurant; extérieurement, il est très anodin et relâchant. Il fait la base du chocolat.

Casse, 15 à 60 grammes. La casse est une silique longue, ronde, cylindrique.

VERTUS

C'est un purgatif adoucissant, très peu échauffant, mais sujet à donner des vents; on en tire une pulpe qui, mêlée au sirop de violettes, à la consistance d'extraits, fait la *casse cuite* très agréable au goût; on en prend pour tenir le ventre libre. Elle entre dans la confection Hamec, le lénitif fin, l'électuaire universel qui sont des purgatifs très doux.

Dattes. Les dattes sont très adoucissantes pour les maladies de poitrine, un peu astringentes et fortifiantes; on s'en sert beaucoup dans les tisanes pectorales, lorsqu'il est à craindre la diarrhée, elles entrent dans le sirop de tortue, le diaphenic, qui est purgatif.

Coton. La semence est adoucissante et incisive des bronches, vulnéraire, détersive et astringente, qui convient dans la dysenterie, les catarrhes, le crachement de sang; on l'emploie en poudre ou en infusion.

Pistaches. Elles sont adoucissantes, restaurantes, détersives, stomachiques et apéritives.

Sebeste. Fruit gros comme un petit gland rond, noirâtre, d'un goût douceâtre.

Jujubes (50 grammes).

VERTUS

Très adoucissantes, émollientes et pectorales, on en fait une pâte excellente dans les affections de poitrine avec irritation.

Gomme arabique. *Acacia indica.*

C'est une gomme assez semblable à celle de nos amandiers et pruniers, elle est menue, entortillée comme des vers mais elle est très rare et c'est plutôt la gomme de cerisier, amandier ou prunier que l'on nous vend, toutefois les unes et les autres sont également bonnes.

VERTUS

Elle est humectante, rafraîchissante, adoucissante, elle épaissit les humeurs trop âcres ou séreuses, elle convient dans la toux, les rhumes, elle fait cracher et elle entre dans toutes les pâtes pectorales, les sirops et bonbons.

Gomme adraganthe. *Gummi tragaganta.*

VERTUS

Les mêmes que la gomme arabique, lorsqu'on veut la pulvériser il faut faire chauffer le mortier pour qu'il puisse absorber l'humidité.

Sarcole.

Gomme égrénée, jaunâtre, tirant sur le blanc.

VERTUS

Elle est astringente, détersive et consolidante pour les plaies.

Hermodactes.

Racine bulbeuse qui vient d'Egypte.

VERTUS

Purgatif doux assez pénétrant. On le recommande dans la goutte, le rhumatisme et les affections des jointures.

Manne (20 grammes à 60).

Gomme qui sort d'une espèce de frêne de Syrie, il y en a trois espèces dont la grasse, qui est la meilleure.

VERTUS

Purgatif très doux et le moins sujet à inconvénients dans ses effets et ses suites, on la mêle aux autres purgatifs pour les adoucir par ses parties grasses et visqueuses.

Riz.

VERTUS

Très bon adoucissant, astringent et rafraîchissant pour les maladies irritantes, l'eau de riz est souvent mêlée au lait des tout jeunes enfants pour le rendre moins lourd et plus digestif.

Souchet sultant.

VERTUS

Très bon adoucissant dans la dysenterie, les ardeurs d'urines, de la poitrine et est aussi aphrodisiaque.

Coca d'Afrique (10 grammes par litre).

VERTUS

La Coca est stomachique, tonique, fortifiante et rafraîchissante. Les nègres mangent les noix de coca pour se fortifier et résister à la fatigue.

On prend la poudre des feuilles sèches dans le vin, à prendre dans le jour comme stomachique et tonique. On en tire le chlorhydrate de cocaïne que l'on emploie en friction sur la peau pour l'insensibiliser et pour faire les petites opérations sans douleur telle, par exemple, arracher une écharde, épine, donts (une goutte), etc., pour calmer les hémorroïdes, dans l'eau tiède au 1/50, soit un gramme par cinquante grammes d'eau. Vaseline cocaïnée au 1/50 ou 1/30. Pour les brûlures, l'huile, l'eau de chaux par parties égales et fortement agitées ensemble, y ajouter un pour cent d'acide phénique et un à deux pour cent de chlorhydrate de cocaïne puis saupoudrer le mal d'amidon, constitue un remède qui calme instantanément, et guérit très vite.

2ᵉ CLASSE

Plantes aromatiques, diaphorétiques ou sudorifiques
céphaliques, antispasmodiques, antihystériques
et alexitères qui donnent un grand nombre
de résolutifs et discussifs

Aurone mâle ou des jardins. *Abrotanum mas augustifolium majus.*

Aurone blanche.

Aurone des champs. *Abrotanum campestre caucalis, albicantibus.*

Santonine. Chamecy, garde-robe. *Abrotanum femina.*

Estragon. *Dracunculus hortensis. Abrotanum mas lini folio odorato.* Fleurs à fleurons petits, évasés en cloche, semences menues.

renfermées dans des calices écailleux sans aigrettes, d'une odeur forte et aromatique.

VERTUS

On se sert peu des auronos à l'intérieur excepté de la santonine pour les vers, et de l'estragon qui est un excellent incisif des glaires, il est diurétique, antiscorbutique et sudorifique excitant. Il aide à la digestion, résiste au venin, est emménagogue carminatif, et mâché, il fait cracher. Pour les faiblesses d'estomac on en fait infuser avec un peu de sucre et on s'en sert comme du thé; cette infusion est aussi bonne pour les indigestions et les envies de vomir. Feuilles sèches 5 grammes. Feuilles fraîches 8 grammes. Les auronos s'emploient à l'extérieur comme topiques pour fortifier les membres lâches ou abreuvés de sérosités comme les bouffissures, les leucophlegmaties, elles entrent dans l'onguent martiatum qui est un excellent topique, discussif du sang, elles entrent aussi dans l'eau générale qui est céphalique, cordiale et antispasmodique. On met les feuilles d'estragon infuser dans le vinaigre et

par là; lui donnent bon goût le rendent plus fort
en même temps pour se préserver du mauvais
air et de la contagion.

Ambroisie. *Ambroisia.* Herbe vineuse, fleurs
stériles à fleurons enfermés dans un calice ; il
naît sur le même pied des fruits qui ressemblent
à une clef et qui renferment une semence oblongue, plante très aromatique, très agréable,
ayant un goût amer. Cette plante venant du
Mexique, mériterait d'être placée parmi les
plantes étrangères.

Chenopodium ambroisioïdes.

VERTUS

Le matin, prise comme du thé, c'est un fort
bon cordial stomachique. dans les faiblesses et
menaces d'apoplexie, elle est aussi antihystérique et emménagogue.

Impératoire (*Imperatoria*).

Angélique. *Angelica satira.*

Angélique de montagne. *Angelica montana.*

Ache de montagne. *Legustricum vulgare.* Livèche.

VERTUS

Ces plantes pourraient passer pour un remède universel, si un tel remède était possible, car elles sont cordiales, céphaliques, stomachiques, emménagogues, antihystériques, c'est un des meilleurs alexitères que nous ayons contre la malignité des humeurs, de la contagion, pour dépurer le sang par la transpiration ou les urines, excellent incisif des glaires, souveraines dans toutes les maladies qu'elles produisent, comme l'asthme, le catharre, les coliques venteuses et de froid, le défaut d'appétit ; elles entrent dans une foule de médicaments : le baume du commandeur, pour le catharre du poumon et de la vessie, il faut faire infuser 40 grammes de feuilles fraîches dans du lait, le boire chaud et sucré, de même pour les engorgements du foie, pour exciter les règles, boire le suc de 25 grammes de feuilles ; en temps de contagion, il faut faire macérer de ces racines dans du vinaigre, on le respire et l'on en boit un peu dans de l'eau, à jeun. On jette de sa racine pulvérisée sur les habits pour se préserver de la contagion.

Armoise. *Armisia.* Herbe de la Saint-Jean. Feuilles sèches 10 grammes. La feuille est découpée profondément et en pointe, verte dessus et blanche dessous, ayant une tige montant quelquefois jusqu'à deux mètres de haut, branchue et portant des fleurs à fleurons, semences sans aigrettes, très petites.

VERTUS

Elle est apéritive, stimulante, antispasmodique, antihystérique, elle convient dans toutes les maladies des femmes, elle aide à l'accouchement, l'eau distillée ou le suc (5 grammes) est un excellent antihystérique, elle entre dans l'eau pour les convulsions, la danse de Saint-Guy, la poudre de feuilles (4 grammes) dans du vin chaud pour cette maladie). Elle entre dans la poudre de Mars, les trochisques de myrrhe, étant stimulante, tonique, calmante, on emploie aussi les sommités fleuries, 5 grammes par litre pour rappeler les règles; à boire dans la journée, ou bien 20 grammes de feuilles fraîches, s'emploie dans les convulsions, les attaques de nerfs, etc. Extérieurement, c'est un très bon vulnéraire, détersif pour les plaies et ulcères, elle entre dans l'eau vulnéraire et dans celle contre les vapeurs.

Rue domestique. *Ruta hortensis latifolia. Ruta graveolens flore luteo.*

Rue sauvage. *Ruta sylvestris flore magno et alba.*

Les feuilles sont conjuguées et terminées par une impaire; les fleurs naissent au sommet des branches, petites, composées de quatre pétales jaunes; les fruits composés de quatre capsules assemblées contre un noyau; les semences reniformes, racines ligneuses, jaunes, toute la plante a une odeur cadavérique repoussante. La deuxième espèce qui est sauvage, a les racines blanches, les feuilles plus petites, ainsi que les fleurs, celle-ci croît en Languedoc et en Provence.

VERTUS

En France, on ne fait aucun cas de cette plante, dans les aliments, mais elle se mange en salade, en Italie, n'ayant pas cette odeur fétide qu'elle a ici, ce qui est causé sans doute par le climat. C'est la plante qui possède le plus de vertus, dans nos jardins, que tout le monde devrait avoir, d'autant plus qu'elle est vivace et chacun devrait lui accorder sa place, je ne saurais trop le répéter, dans son jardin.

C'est un excitant musculaire; très active, anti-hystérique éprouvé, céphalique, vermifuge, carminative, antiscorbutique, cordiale, discussive et vulnéraire. Une ou deux pincées de feuilles fraîches sont très propres à rétablir les mois, à apaiser les vapeurs hystériques, on peut y mêler autant d'hysope; comme céphalique c'est la meilleure des plantes; étant pillée et appliquée sur le front elle dissipe le mal de tête, la névralgie faciale en très peu de temps; pour la méningite, prenez une bonne poignée de rue (feuilles fraîches), une gousse d'ail de la grosseur d'une noix, une cuillerée à café comble de sel de cuisine, et une bonne pincée de poivre moulu, puis pilez le tout ensemble et appliquez la *moitié* de cette mixture sur le sommet de la tête ; après avoir écarté les cheveux le plus possible, même les couper, laissez jusqu'à ce que le remède soit bien sec, appliquez en même temps de la glace ou de l'eau très froide sur toute la tête excepté sur le remède ; mettez l'autre moitié entre deux mousselines et appliquez-la en même temps sur le ventre et laissez un jour. Si la fièvre persistait, mettez, le lendemain, de la rue pilée seule sur les deux poignets et à la plante des pieds. La conserve des feuilles dissipe les indigestions, l'huile qu'on en tire tue les vers, on en imbibe un peu de coton que l'on met sur le nombril des enfants ; à défaut de cette huile le suc fait le même effet ; la décoction des feuilles prise en lavements est souveraine pour la colique (5 grammes de feuilles fraîches), ou même appliquée en cataplasme sur le ventre, l'huile d'olive, dans laquelle on a fait infuser de ces feuilles est un puissant remède pour la même maladie, et l'huile essentielle qu'on en tire est un des meilleurs remèdes qu'on connaisse pour les passions hystériques ; les feuilles sont très bonnes pour les écrouelles : on en fait manger, le matin, trois ou quatre avec du pain pendant quelque temps ; ce remède simple a très souvent opéré la guérison de cette maladie ; le suc épuré des feuilles peut être substitué à l'occasion. On en compose un vinaigre préservatif de toute contagion en faisant infuser des feuilles fraîches de rue (20 grammes), pimprenelle (10 grammes), bétoine (10 grammes), baie de genièvre (10 grammes), trois gousses d'ail, six noix vertes et une pincée de camphre, à prendre une cuillerée le matin et l'autre après midi. Le vinaigre dit des quatre-voleurs a à peu près la même composition. La feuille froissée et introduite dans les narines des épileptiques au moment de l'accès les soulage beaucoup. Dans la petite vérole, se gargariser avec le suc résout les grains qui y sont ; on peut bassiner autour des yeux. On assure que la feuille pilée avec un peu de sel guérit les morsures de serpent. On dit qu'appliquée sur les deux poignets elle dissipe l'ivresse, elle chasse les poux et lentes employée en décoction et en arroser la tête ; on s'en sert pour la délivrance des vaches ; rue et sabine, 20 grammes de chaque, en infusion dans un litre de vin, de cidre ou d'eau tout simplement. Il est aussi certain que mettre une bonne

poignée de feuilles de rue dans l'eau où va
boire la volaille, avec un peu de charbon de
terre, arrête l'épidémie sur celles-ci ; ce remède
a été éprouvé bien des fois. Enfin, comme toni-
discussive et vulnéraire, elle entre dans l'eau
vulnéraire, l'onguent martiatum, le collyre fortifiant et l'huile, par infusion, dans le baume
acoustique, l'électuaire de baies de laurier pour
fortifier les nerfs et les jointures. Tant de vertus
ne sont pas à dédaigner, et lui mettre une place
dans son jardin n'est que justice.

Matricaire. *Matricaria, parthenium.* Vulgaire
ou cultivée.

Cette plante a les feuilles du chrysanthème,
les fleurs radiées sont soutenues par un calice
écailleux, semences oblongues, odeur forte et
goût amer ; elle vient au bord des rivières et
dans les lieux pierreux.

VERTUS

C'est un bon incisif, atténuant, emménagogue,
carminatif, antihystérique. On s'en sert particulièrement pour les maladies des femmes d'où

lui vient son nom. On en fait un sirop, une eau distillée pour toutes les préparations hystériques.

Mélisse. Citronnelle. *Melissa hortensis.* Feuilles sèches, 10 grammes.

Cette plante, par son odeur, rappelle celle du citron, d'où lui vient le nom de citronnelle ; les feuilles ressemblent un peu à celles de l'ortie, moins pointues et plus crispées ; les fleurs, monopétales, labiées dont la lèvre supérieure est partagée en deux parties, et l'inférieure en trois, de couleur rose, semences presque rondes, tiges carrées et branchues se renouvelant chaque année.

VERTUS

Certaines personnes la mettent en salade comme fourniture, d'autres en omelette. Comme le persil, elle réjouit l'odorat, ce qui flatte le plus ; elle est très employée en médecine comme antispasmodique, alexitère, antihystérique, céphalique, stomachique et diurétique. C'est un des meilleurs cordiaux que nous ayons parmi les plantes de notre pays ; on s'en sert beaucoup le matin en forme de thé pour les affections froides de la tête et les spasmes, faiblesses d'estomac principalement, et toutes les maladies qui proviennent du ressort des fibres, les palpitations de cœur, les défaillances, le vertige, la paralysie, le mal caduc. On en compose une eau qui est souveraine pour l'apoplexie, la léthargie, l'épilepsie, les vapeurs dans l'âge critique, les coliques, suppression des règles et des urines; l'eau de mélisse, que l'on trouve dans le commerce, est composée de feuilles, d'écorce de citron, de muscade, girofle, coriandre et cannelle, le tout infusé dans le vin puis distillé; la dose de cette eau de mélisse est de une cuillerée à café à une cuillerée à bouche.

Mélisse de Moldavie. *Moldavica flore cæruleo.*

Mélisse des Moluques.

VERTUS

Elles sont vulnéraires, un peu astringentes en décoction ou le suc seulement.

Marrube blanc vulgaire. *Marrubium* (feuilles sèches, 10 grammes).

Fleurs blanchâtres labiées qui naissent dans l'aisselle des feuilles qui sont verticillées autour des tiges carrées et lanugileuses ; quoique cette plante soit couverte de poils, elle est douce au toucher ; vient le long des chemins où elle forme des petits buissons que les animaux ne touchent point, étant âcre et amère.

VERTUS

L'amertume de cette plante la rend précieuse pour rafraîchir le sang, en même temps qu'elle est cordiale, antispasmodique et aloxitère, en même temps elle tonifie l'estomac et les intestins, et est très employée dans le vin amer ; en médecine, on l'emploie aussi pour les maladies du foie et ses obstructions, les maladies de lentour des filles en formation, en ce cas on l'associe à la limaille de fer, contre l'anémie.

Ballotte. Marrube puant. *Marrubium fœtidum nigra.*

Caractère du marrube, mais il est plus vert, moins lanugineux et sont mauvais.

VERTUS

Il a les vertus du blanc mais sert peu.

Marrube aquatique glabre. *Lycopus palustris glaber.*

Marrube de marais poilu. *Lycopus palustris villosus.*

Ce marrube ressemble au marrube noir.

VERTUS

On emploie ces deux espèces indifféremment en tisane dans le cours de ventre, comme astringent dans les pertes rouges et blanches. Extérieurement comme vulnéraire, astringent, détersif, en fomentations ou emplâtres.

Stachis *major germanica.* Marrube agreste. Epi fleuri.

Caractère du marrube noir, semences par 4 dans le calice.

Agripaume. *Cardiaca marrubium dictum*. Marrube cardiaque.

Feuilles presque rondes, approchantes de celles de l'ortie, mais découpées plus profondément, d'un vert obscur. Elle vient aux lieux incultes, rudes, dans les haies, au pied des murs ; port du marrube.

VERTUS

Elle est atténuante, dessiccative, détersive, cordiale, diurétique, emménagogue ; elle aide l'accouchement et facilite la respiration, dissipe les palpitations et répare les esprits étant prise en poudre ou en décoction.

Bétoine. *Purpurea*.

Tige carrée, fleurs verticillées en épi, sans branche, ce qui forme un épi assez gros.

VERTUS

Elle est employée depuis très longtemps comme bon céphalique, on en fait un sirop, une conserve, pour les affections froides de la tête, elle est bonne pilée et prisée pour soulager le cerveau, infusée dans le vin rouge elle est très bonne pour la diarrhée opiniâtre, et elle est aussi antihystérique. Extérieurement, c'est un bon vulnéraire, discussif, on peut l'employer partout comme le marrube dont elle possède les propriétés.

Lierre terrestre. *Calamenta vulgaris.* Calament de montagne.

Lierre terrestre. *Calamenta odore.* Calament à odeur de pouliot.

Lierre terrestre à feuille ronde rampant. *Calamenta humile folio rotundiore.* Terrelle.

De ces trois lierres les uns viennent sur les montagnes les autres dans les bois, d'autres le long des haies, partout dans les lieux friches, incultes. La feuille est presque ronde, découpée tout le tour, elle naît aux nœuds des tiges qui sont rampantes et émettent des racines à ces nœuds; comme le fraisier, ces tiges sont carrées et les feuilles qui naissent aux nœuds sont lon-

guement pédonculées, accompagnées de deux
autres feuilles beaucoup plus petites, les fleurs
naissent dans l'aisselle des feuilles, labiées dont
la lèvre supérieure est partagée en deux et l'inférieure en trois, leur couleur est bleue, comme
celle de la violette, mais est bien deux fois plus
petite ; toute la plante est lanugineuse et ne ressemble en rien au lierre grimpant, que tout le
monde connaît.

VERTUS

Aucune plante n'approche de celle-ci comme
pectorale, pour les rhumes, bronchites, courbatures, toux opiniâtres ; une infusion de cette
plante, une bonne poignée dans un litre de lait
ou d'eau, en boire deux grands verres avant de
se coucher, arrête la toux en divisant les humeurs de la poitrine, et si le lendemain on en
prend un verre le matin, un à midi, l'autre au
soir, le rhume le plus fort est dégagé, sinon
guéri, la toux est apaisée et la fièvre tombée,
on peut sucrer à volonté et y ajouter même une
cuillerée à café de bonne eau-de-vie par verre.

Il fait la base de tous les alexitères, il est incisif des humeurs de la poitrine, est cordial, sto-

machique, antihystérique, emménagogue, céphalique, carminatif; pour la grippe ou l'influen-
za prenez 50 grammes de lierre terrestre, mélisse,
romarin, fenouil, hysope, 5 grammes chaque
(fraîchement cueillis), faites une infusion pendant 20 minutes, dans un litre d'eau, ajoutez au
moment de boire bien chaud une cuillerée à
soupe de bon rhum par verre, à prendre trois
verres par jour (sucrer ce que l'on veut).

Extérieurement, il est aussi très bon comme
vulnéraire discussif dans les plaies, ulcères,
les douleurs de goutte, de rhumatisme, les névralgies, etc., dans le lâron, prenez cinq grosses
poignées de lierre terrestre, les mettre dans un
chaudron, y ajouter deux verres de vinaigre de
vin, un verre d'huile d'olive, faire chauffer très
chaud et appliquer de même sur le mal, continuer pendant cinq jours. Pour les douleurs des
animaux, le lierre est toujours aussi bon; il
entre dans la theriaque, le sirop antihystérique
et cordial de Stœchas, d'armoise, le baume vulnéraire, l'onguent martiatum.

Romarin. *Romarinus hortensis e augusti
folio.*

(F. S., 30 grammes).

VERTUS

Il est incisif, dessiccatif, chaud astringent et
très céphalique ; ses fleurs sont cordiales, fortifient les nerfs et les jointures ainsi que les parties
affaiblies par le rhumatisme ; on l'emploie aussi
pour les contusions, les blessures, les humeurs
froides, le mal de dents et la gangrène, infusé à
froid dans l'eau phéniquée pour cette dernière
indication ; il entre dans le vinaigre des quatre
voleurs, dans l'eau de la reine de Hongrie, le
sirop d'erezymum qui est expectorant et cordial.
Extérieurement c'est un bon tonique, discussif ;
les fleurs entrent dans le baume tranquille qui
est nervin, et dans une foule de médicaments.

Origan. Dictame de Crète. *Origanum Creti-
cum latifolium tomentosum.*

Origan. Marjolaine sauvage. *Origanum sylvestris cunila bulbula plinii.*

Basilic sauvage. *Clinopodium origano simi-
lis. Basilicum sylvestris.*

Basilic des jardins. *Clinopodium aruense
occini facies.*

VERTUS

Le dictame de Crète est un bon cordial, stomachique, emménagogue, antispasmodique, il entre dans l'eau antiépileptique, l'huile de scorpion qui est un bon atténuant, extérieurement pour les plaies de mauvais caractère ou empoisonnées, soit pilé ou infusé. L'origan convient dans tous les cas pour diviser les humeurs, les atténuer, ainsi que les phlegmes, ranimer les solides comme il arrive souvent dans l'asthme, la jaunisse, les maladies chroniques, la toux des anciens, les catarrhes, les affections soporeuses, les pâles couleurs et autres affections lentes, nerveuses; elle entre dans les sirops de Stechas, on s'en sert infusé dans le vin ou l'eau, en poudre, en sirop, ou en forme de thé, le matin et le soir.

Extérieurement, ils sont bons vulnéraires, détersifs, fortifiants des membres affaiblis et relâchés; ils entrent dans l'eau vulnéraire, l'huile de petits chiens qui est très fortifiante, dans la nouure des enfants, les basilics sauvages sont un peu plus astringents que l'origan, ils ont les mêmes vertus mais sont moins usités en médecine.

Fraxinelle. *Dictamus alba, feu fraxinella.*

Dictame faux verticilé inodore. Pseudo *dic-tamus.*

Fleurs labiées composées de plusieurs pétales différents au nombre de cinq, s'élevant avec quantité d'étamines courtes qui avec le pistil se changent en un fruit composé de plusieurs graines ovales pointues qui se fend et se replie comme les cornes d'un bélier. Feuilles conjuguées comme celles du frêne et terminées par une impaire. Le faux dictame a les semences oblongues comme le stachis.

VERTUS

La fraxinelle a une odeur forte qui la rend un alexitère très vanté, elle est antispasmodique; on la prescrit comme cordiale. où elle est substituée à la thériaque; elle est aussi vermifuge, stomachique, emménagogue et vulnéraire, très bonne dans les maladies du sexe, de la tête et de l'estomac, qui viennent des humeurs par trop froides; on s'en sert en poudre dans les bols, opiats. Infusé dans le vin, le faux dictame a les mêmes vertus, mais moindres.

Safran cultivé. *Crocus satious* (10 filaments pour une tasse).

La fleur est monopétale. Fruit oblong, racine tubéreuse.

VERTUS

C'est un cordial stomachique, emménagogue, très usité, antispasmodique ; il rentre dans un grand nombre de médicaments : teintures, sirops, etc. On l'unit aux narcotiques qu'il corrige et il sert beaucoup en pharmacie, son principal usage est pour l'émission des règles difficiles et douloureuses. 5 grammes de fleurs sèches infusées dans l'eau-de-vie (1 litre), pendant huit jours, en prendre un petit verre matin et soir, pour faciliter et régulariser les règles.

Menthe des jardins. *Mentha hortensis verticillata.* Baume de jardins.

Menthe à feuilles crispées. *Mentha crispi folio aut speciosa, germanica.*

Menthe sauvage à feuilles rondes. *Mentha sylvestris flore spicata.*

Menthe sauvage. *Mentha folio longiore flore spicata.*

Menthe aquatique. *Pouliot. Mentha aquatica seu pulgium vulgare.*

Menthe aux chats, cataire, herbe aux chats.

VERTUS

Les plus odorantes sont les meilleures. Elles sont excitantes, stimulantes, antispasmodiques, céphaliques, stomachiques, alexitères, diaphorétiques ; on s'en sert particulièrement pour arrêter les vomissements qui ne viennent que de phlegmes, on se sert de l'eau distillée, du sirop simple. On en fait une liqueur très digestive, mais que les estomacs délicats doivent rejeter, ainsi que les pastilles qui sont trop excitantes, même aphrodisiaques. On fait une infusion de menthe pour exciter l'estomac. On en tire une essence concrète ou menthol pour en faire des crayons antimigraineux ; il suffit de s'en frotter le front pour qu'une sensation de froid mêlée de chaud produise bientôt le calme.

Le pouliot est un fortifiant antihystérique, il entre dans le sirop d'armoise. Extérieurement, c'est un toni-résolutif. L'herbe aux chats est particulièrement employée pour les vapeurs hystériques, à cause de son odeur ; en infusion, elle entre dans le sirop d'armoise ; la poudre de Mars, qui convient pour les maladies d'épuisement du sexe ; elle est de plus un fort bon alexitère, aristolochique, emménagogue, expectorante, vulnéraire, pour les blessures venimeuses.

Laurier mâle et femelle. Laurier sauce, *(Laurus)*.

VERTUS

Les feuilles sont chaudes, astringentes, résolutives, atténuantes, incisives des glaires, stomachiques, carminatives, vulnéraires et détersives. L'huile, par infusion, prend toutes ces propriétés. Elle fortifie l'estomac, aide à la digestion et dissipe les vents ; on les prend en infusion au nombre de cinq ou six comme le thé, ou en poudre à la dose de six à huit grammes pour rétablir l'estomac. empêcher les nausées et dissiper les coliques venteuses et les

flèvres intermittentes, pour fortifier les parties
engourdies par la paralysie et le rhumatisme ;
elles sont bonnes extérieurement contre les
piqûres de guêpes, pour ramollir les tumeurs
et en gargarisme, pour apaiser le mal de dents.
Ses baies ont encore plus de vertus que ses
feuilles et échauffent davantage, surtout celles
qu'on tire des pays chauds. On les emploie
pour les maladies de l'estomac et du foie, de la
rate, de la vessie. Elles digèrent les humeurs
crues, elles divisent et résolvent les sucs épais-
sis et visqueux, elles réveillent l'appétit et chassent le dégoût, elles lèvent l'obstruction du foie
et de la rate, elles excitent l'urine, procurent les
règles et poussent dehors l'arrière-faix. La
graisse dont on a fait bouillir une poignée de ses
feuilles est très bonne, frottée sur les animaux,
pour en chasser les mouches. On tire une huile
excellente pour les maladies de nerfs, la paralysie, les convulsions, la colique, les faiblesses
d'estomac, les catarrhes. On en met dans les
lavements depuis 15 jusqu'à 30 grammes. Cette
huile se fait ainsi : 1° Baies fraîchement cueillies
et bien mûres et écrasées, les mettre en un vase
quelconque, bien les recouvrir même de beaucoup d'eau : il est préférable que l'eau bout avant

d'y mettre les baies qui, par là, perdront moins de leur principe aromatique. Laisser bouillir une heure environ en vase clos, puis retirer du feu, laisser refroidir cette collature, puis ramasser l'huile qui surnagera au-dessus et sera la meilleure. Avant que l'eau soit refroidie, il faudrait exprimer fortement le marc en laissant tomber le jus avec l'eau chaude ; 2° on remet sur le feu après avoir récolté cette première huile, on fait bouillir de nouveau une demi-heure, on exprime encore fortement le marc. Cette seconde huile ne sera pas si belle ni si bonne, on la mettrait de côté. On peut après fermentation distiller ces mêmes baies fraîches. Pour la colique venteuse, on fait infuser dans 100 grammes de bon vin 4 grammes de ces baies, 8 grammes d'écorce d'orange sèche, que l'on boit sucré, remède excellent et éprouvé, particulièrement pour les faiblesses d'estomac. Ces baies ont des vertus qui s'étendent à presque tout. Elles entrent dans la thériaque, l'orviétan, l'emplâtre styptique ou astringent, etc., etc.

Pollium jaune. *Pollium luteum montanum.*

Pollium blanc de Montpellier. *Pollium album montanum.*

Les fleurs sont monopétales, labiées. dont les étamines tiennent lieu de la lèvre supérieure. l'inférieure, divisée en cinq parties ; les semences sont au nombre de quatre dans lo calice. Ces fleurs sont ramassées en forme de tête au-dess'is des tiges et des branches.

VERTUS

Ils sont l'un et l'autre de fort bons atténuants céphaliques dans les affections froides de la tête. Stomachique. alexitère, sudorifique, diurétique, excellent pour purger lo sang do toutes humeurs étrangères et dans les morsures d'animaux venimeux, les feu'lles entront dans ;l'eau préservatrice, etc.

Bazilio. *Oginum vulgare bazilicum*.

VERTUS

On se sert peu en médecine du bazilic si ce n'est pour les compositions, toutefois on peut le prendre infusé le matin comme céphalique, cordial, emménagogue et diaphorétique, pour se préserver du mauvais air, il donne aussi bon goût aux sauces.

Muguet, lys des vallées. *Lillium, concalium album.*

Fleur en cloche découpée sans calice, blanche, en grelot, feuilles longues radicales.

VERTUS

La fleur est un excellent atténuant céphalique antispasmodique, dans les affections froides de la tête, comme le vertige, les vapeurs, l'épilepsie, à prendre le matin comme du thé, un gramme de fleur en tisane, calme les palpitations du cœur, en poudre elles sont un peu sternutatoires, elles tirent beaucoup de sérosité et déchargent le cerveau, une pincée de fleurs dans du miel purge très bien.

Primevère. Coucou, primerolle, herbe à la paralysie. *Primula verbascum pratense odoratum.*

VERTUS

On fait beaucoup d'usage en médecine de cette plante, tant à l'intérieur qu'à l'extérieur, pour les paralysies, les faiblesses des nerfs et des jointures. On fait une conserve, une eau distillée des fleurs qui sont très usitées comme toniques céphaliques, elles entrent dans l'eau universelle qui peut servir intérieurement et extérieurement, pour étuver les parties attaquées de sentiments on peut aussi les faire infuser dans le vin pour la même cause.

Marjolaine. *Majorana vulgaris.*

Marjolaine. *Majorana tenuifolio* (petite marjolaine).

Caractère de l'origan, les fleurs sont composées de quatre rangs de feuilles posées en écailles.

VERTUS

La marjolaine est un des meilleurs stomachiques, carminatifs antispasmodiques, diurétiques des végétaux, elle est très recommandée dans les affections froides, lentes, chroniques de la tête, pour les femmes, les vapeurs et convulsions en infusion, le matin, ou l'eau distillée ; elle entre dans l'eau universelle, l'eau d'armoise, l'esprit carminatif de Sylvius, les trochisques d'édicroix qui sont cordiaux et expectorants, elle convient aussi beaucoup dans les catarrhes lorsqu'il n'y a pas à craindre d'échauffer, extérieurement c'est un excellent sternutatoire pour faire couler les sérosités par le nez, discussif, atténuant, vulnéraire, résolutif des humeurs lentes et grossières, elle est d'un secours merveilleux dans les indigestions, les rapports aigres et les vents, dans ce cas on peut employer l'huile essentielle, le sirop, la conserve, l'huile réjouit les sens, elle apaise la douleur des dents mise dans le creux, pour le torticolis, les rhumes de cerveau on l'applique toute chaude sur la tête et autour du cou. Enfin cette plante de quelque manière que l'on s'en serve est reconnue souveraine pour toutes les maladies froides du cerveau, de la poitrine, de l'estomac et pour faire sortir toutes les humeurs aqueuses.

Oranger. *Aurantium dulci medulla vulgare.* (F. 10 grammes par litre).

Citronnier. *Citreum vulgare.*

Citronnier. Limonier.

VERTUS

On ne peut un cordial plus usité et meilleur que les fleurs et les feuilles d'oranger ou de citronnier, les huiles qu'on en tire sont de très bons stomachiques, cordiaux, carminatifs alexitères, emménagogues et antispasmodiques ; l'écorce du fruit, confite, est un fort bon cordial et stomachique à dessert pour les convalescents ; le suc de citron ou d'orange est excellent pour rafraîchir dans les fièvres ardentes et malignes, il désaltère et calme l'effervescence de la bile, on s'en sert aussi dans les cas de crainte de pourriture, comme le scorbut dans lequel il est exclusivement employé ; la semence est vermifuge et entre dans la poudre contre les vers. On arrête un rhume de cerveau en aspirant le suc de citron par le nez ; le sel mis fondre dans un citron et se laver les mains et le visage fait disparaître le hâle. On fait ainsi la limonade : 15 grammes d'acide citrique, eau 1 litre, sucre ce que l'on veut de douceur ; depuis une demi-cuillerée à café de bicarbonate de soude (sel de Vichy) selon ce que l'on veut la limonade gazeuse, ne faire que très peu de cette limonade d'un coup pour n'avoir pas besoin de boucher et ficeler la bouteille, car sitôt le bicarbonate mis, il se produit une effervescence que précisément on recherche et qui disparaît en quelques secondes. Ordinairement lorsque l'on veut faire une bouteille d'eau de Vichy on met 5 grammes de ce sel par litre.

Stœchas. *Purpurea. Stœchas arabique.*

Fleur monopétale labiée dont la lèvre supérieure est relevée, fendue en deux, l'inférieure divisée en trois, semences oblongues au nombre de 4, fleurs en épi, ou tête écailleuse surmontée d'un bouquet de feuilles en aigrettes, feuilles comme celles de la lavande.

VERTUS

La fleur est un très bon cordial, céphalique, antispasmodique, emménagogue, alexitère, on en fait un sirop simple ou composé, une conserve, une eau distillée très convenable dans les affections froides spasmodiques des femmes, de la tête, de l'estomac, catarrheuses de la poitrine, elle entre dans le sirop d'erezymum, l'eau impériale, générale, épileptique, la thériaque, le mitridat, etc.

Jasmin, petit, *jasminum vulgare flore albo.*

Jasmin d'Espagne. *Jasminum hispana flore majore et rubente.*

VERTUS

Les fleurs en thé sont très bonnes pour adoucir, inciser l'humeur des bronches, dans les rhumes, les catarrhes pour les mûrir; il fait cracher, il est diaphorétique et convient dans la pleurésie, son odeur est très volatile infusée dans la graisse ou l'huile, elle donne une qualité résolutive, très convenable pour les squirres et autres humeurs épaisses et arrêtées.

Souci officinal. *Caltha vulgaris flore citrino.*

Souci des vignes. *Caltha aruence.*

VERTUS

Les fleurs sont très céphaliques, antispasmodiques, antihystériques, sudorifiques, alexitères,

diurétiques et emménagogues, on se sert beaucoup de l'eau distillée de la conserve, du vinaigre
pour se préserver du mauvais air, l'infusion
passe pour bon résolutif des écrouelles pourvu
qu'on en fasse un long usage, les feuilles entrent
dans le diabotanum qui est un émollient résolutif, qui convient très bien dans cette maladie,
appliquées sur les tumeurs.

Camphorée. *Camphorata.*

Fleurs à étamines, semences oblongues,
feuilles entassées les unes sur les autres.

VERTUS

Écrasées, elles ont une odeur de camphre et
c'est une céphalique apéritive antihystérique,
vermifuge, sudorifique, alexitère, estimée dans
l'hydropisie, l'asthme ; en décoction ou en poudre. Comme elle n'est pas commune, on peut
lui substituer l'aurone.

Œillet frangé mignardise. *Caryofllius flore
tenuissime dessecto.*

Œillet rouge, grand. *Caryofllius maximus
rubra.*

VERTUS

C'est un bon cordial antispasmodique, dia-phorétique, alexitère contre le mauvais air, on en fait un vinaigre, les fleurs mises infusées à froid dans le cassis, les liqueurs, leur donnent un bon goût; autant agréable que sain.

Benoîte. Giroflier, galliote, résice. *Caryophylata vulgare.*

Fleurs en rose à cinq pétales, feuilles découpées jusqu'à la nervure du milieu. Sa racine, qui est jaunâtre, a une odeur de girofle, de là son nom; fleur jaune.

VERTUS

La racine en poudre ou en décoction est un fort bon atténuant pour les catarrhes, l'asthme, pour dissoudre le sang caillé ; elle est diaphorétique, alexitère, cordiale, stomachique.

Hysope à épi. *Hysopus officinarum flore ceruleo et spicata.*

Hysope à fleur rouge. *Hysopus flore rubra.* (F. S. 5 à 10 grammes.)

VERTUS

C'est un des meilleurs incisifs des glaires de
la poitrine ainsi que pour la pituite infusée dans
l'eau avec du miel pour les catarrhes, l'asthme,
les affections purulentes, car elle est un fort bon
détersif, fortifiant pour les ulcères internes,
étant en même temps diurétique et sudorifique;
elle purifie le sang par ces voies. On l'emploie
dans la goutte, la pleurésie, la leuco-phlegma-
sie, l'hydropisie et toutes les maladies produites
par la viscosité des humeurs, elle est échauffante, c'est à quoi il faut faire attention quand il
s'agit de la poitrine. On se sert de l'eau distillée, du sirop, de la conserve; elle est un peu
hystérique et entre dans les sirops d'armoise;
extérieurement, c'est un bon vulnéraire, résolutif, détersif, tonique.

Genevrier. *Juniperus vulgaris fructu parvo
pulpureus.*

Genevrier en arbre. *Juniperus arbor vulgaris.*
(Baies, 30 grammes.)

VERTUS

Les baies sont comme la thériaque des paysans, elles sont excellentes, stomachiques, incisives des glaires, des vieux rhumes, expectorantes, carminatives dans les coliques venteuses, diurétiques, emménagogues, alexitères et sudorifiques; on les fait infuser pour fortifier l'estomac, elles remédient aux maladies de la tête, des nerfs, contre le mauvais air, la peste, les fièvres; la décoction des baies est encore bonne contre la sciatique, on doit les cueillir au mois d'août. Le bois est aussi un très bon sudorifique, les sommités infusées dans l'eau ou le vin, sont diurétiques dans l'hydropisie.

Lavande à feuilles grandes. Aspic ou spic. *Lavandula latifolia*, pseudo-nards. Lavande mâle.

Lavande femelle. *Lavandula augustifolia*. Lavande des jardins.

VERTUS

La lavande est regardée comme un des principaux céphaliques pour les affections froides de la tête, on en fait une teinture dans l'esprit de vin, une huile par infusion très usitée comme céphalique, carminative, stomachique, alexipharmaque, elle peut être aussi infusée dans une bouteille d'eau exposée au soleil, et là, elle est souveraine pour les blessures, coups, foulures et toutes sortes de douleurs. On en frotte les parties malades, puis on imbibe un linge et on l'applique dessus ; elle réveille et ranime les sens, on s'en frotte la tête, et empêche la fraîcheur de pénétrer. On s'en sert dans les bains, l'huile essentielle, 8 à 10 gouttes, est fort estimée pour les maladies du cerveau, les vapeurs hystériques, l'épilepsie ; quatre à cinq gouttes, prises le matin à jeun, dissipent la migraine et fortifient l'estomac ; mêlée avec celle de mille-pertuis et de camomille, elle fait un excellent liniment pour les rhumatismes, la paralysie ; l'huile d'aspic, qui est l'infusion dans l'huile, ou l'essence de térébenthine des fleurs de cette plante, sert aussi pour la pêche ; imbibée dans du papier et mise sur la tête des enfants, chasse les poux ; elle chasse aussi les punaises, puces et autres vermines qui s'attachent au corps ; les épis chargés de leurs fleurs sont très bons pris comme le thé, pour les vertiges, le tremblement des mains et mouvements convulsifs, les affections soporeuses, la paralysie, l'asthme et autres maladies nerveuses ; les épis séchés et mis en sac avec d'autres plantes aromatiques. donnent de bonnes odeurs dans les meubles.

REMARQUE. — Autant cette plante est bonne pour les affections froides, autant elle est pernicieuse pour les maux causés par la chaleur, ce qui est à retenir.

Sauge grande. *Salvia major.*

Sauge petite. *Salvia minor.* Sauge franche.

Sauge à feuilles ténues. Sauge de Catalogne (fleurs, 5 grammes ; sommités fleuries, 10 grammes).

VERTUS

La sauge est très employée pour se préserver de la paralysie, de l'apoplexie et autres maladies froides de la tête et des nerfs. On prend les feuilles comme le thé, le matin et on les mâche pour faire cracher. On les fume comme le tabac pour en respirer la fumée et dégager le cerveau ;

elles sont stomachiques, aloxitères et antihystériques; elles entront dans toutes les préparations pour ces cas, dans le vinaigre des quatre
voleurs qui est très stimulant. Extérieurement,
elles sont vulnéraires et résolutives; le vin de
sauge, 60 grammes pour un litre de vin contre
les fièvres intermittentes et en solution contre
les aphtes des enfants. C'est un excitant, nerveux, tonique, résolutif.

Ivette musquée. *Camœpitis moschato folii
serali.*

Ivette odorante. *Camœpitis vulgaris luteo.*
Fleur monopétale, à une seule lèvre divisée en
trois parties; les fleurs naissent dans l'aisselle
des feuilles non verticillées.

VERTUS

Elles sont antispasmodiques dans l'épilepsie,
les tranchées, les convulsions, les coliques, incisives, apéritives, très recommandées dans la
goutte, les nerfs et les jointures; la deuxième,
que l'on appelle *Ioartrilica*, est diurétique, dia-

phorétique, bonne pour purifier le sang; on la prend en poudre ou en infusion dans l'eau ou le vin. Elles entrent dans le *diabotanum*, l'huile de renard qui sont fortifiants et résolutifs; très bonnes pour résoudre, pour le rhumatisme, la goutte; elles sont aussi vulnéraires, détersives pour les plaies, on peut en faire une infusion dans l'huile.

Sarriette. Sadrée, savorée. *Saturetta sativa.*

VERTUS

Elle est atténuante, stomachique, elle rétablit et fortifie l'estomac, sa décoction seringuée dans l'oreille est très bonne pour les affections soporeuses, pour réveiller les malades. Enfin elle donne bon goût aux sauces.

Thym. *Thymus capitatis.*

Thym. *Thymus creticus* (de Crète.)

Thym à feuilles larges. *Thymus vulgare.* (Feuilles sèches, 5 grammes.)

Thym à feuilles étroites. *Thymus folio tenuore.*

VERTUS

C'est un bon incisif dans les maladies de l'estomac, de la poitrine, comme l'asthme, les catarrhes, les coliques venteuses, le défaut d'appétit; il est diaphorétique, alexitère, emménagogue. Extérieurement il résout, divise et fortifie.

Sarriette de Crète. *Timbrea legitima.*

Sarriette vraie. *Timbrea sancti Juliani.*
Fleur des autres sarriettes, excepté qu'elles sont verticillées.

VERTUS

Des sarriettes.

Serpoulet ou serpolet. *Serpilium vulgare minus.*

VERTUS

C'est un très bon incisif, céphalique, antispasmodique, alexitère, emménagogue et diurétique; on l'estime dans l'épilepsie, le vertige, ainsi que pour les commencements d'asthme;

extérieurement c'est un résolutif fortifiant, il entre dans l'huile de petits chiens, l'eau générale, et est spécifique dans la coqueluche. (Une pincée par tasse pour les enfants.)

Mélilot. Trèfle odorant. *Melilotus officinarum.*

Mélilot, grand, vulgaire. *Melilotus flore luteo.*

Mélilot. Moris, baumier, lotier odorant. *Melilotus odorate majore et violacea.*

Mélilot. Lotier, trèfle sauvage jaune. *Lotus corniculata.*

Fleur légumineuse, dont le pistil se change en une capsule remplie d'une ou deux semences presque rondes. Les feuilles sont frangées ou crénelées trois à trois sur le même pied.

VERTUS

Le mélilot est très odorant, il est émollient, résolutif, carminatif, discussif, anodin, vulnéraire, on ne l'emploie guère qu'à l'extérieur en infusion pour lotions sur les yeux et compresse pour l'érysipèle, et en fumigation contre la laryngite, l'enrouement, l'enchifrènement, la goutte, les inflammations nerveuses ; en infusion dans l'huile il est anodin, résolutif, vulvéraire pour les hémorroïdes, plaies récentes et douloureuses ; la semence en farine est très émolliente et résolutive, il entre dans l'emplâtre de grenouille qui est émollient et résolutif, on peut se servir des feuilles extérieurement et des fleurs intérieurement.

Camomille ordinaire. *Anthemis* des champs.

Camomille romaine. *Anthemis nobilis.*

Camomille double des jardins.

Camomille puante, maroute. *Cotula fœtida.*

VERTUS

On se sert de la camomille romaine ordinairement, mais il faut l'éviter si l'estomac est irrité ou enflammé, car elle est excitante, une pincée par tasse elle est digestive ; l'huile dans la mie de pain est excellente pour les vers deux heures avant de dîner, le suc est un très bon sudorifique, carminatif et diurétique ; elle calme les tranchées après l'accouchement et procure les règles, pour les vapeurs hystériques on préfère la maroute, on peut la faire bouillir dans le lait pour la rendre plus adoucissante, les feuilles pilées avec du vin font un fort bon détersif, anodin pour les vieux ulcères, la poudre ou l'infusion est excellente avec le quinquina pour les fièvres intermittentes. L'huile de camomille se fait avec fleurs 20 grammes, huile 100 grammes, puis y ajouter un peu de camphre (une pincée), la fleur entre dans la décoction vulnéraire, l'emplâtre de grenouille, l'onguent martiatum et l'eau générale.

Gérard. *Acorus, verus officinalis.* Acorus vrai.

Feuilles longues, étroites, à peu près comme celles de l'iris, racines à nœuds rougeâtres, assez superficielles sur la terre n'y tenant presque que par ses filaments.

VERTUS

La racine est un bon stomachique, apéritive, carminative, vermifuge, on s'en sert peu seule, mais dans les compositions alexitères comme

l'eau impériale, générale, la thériaque, l'orviétan, la poudre d'alun composée qui est bonne
pour les crudités, les indigestions et toutes les
maladies qui en proviennent.

Gallium. Caillelait, à fleurs jaunes.
Fleurs en cloche, ouvertes et découpées, le calice se change en deux graines jointes ensemble,
tige carrée, feuille verticillée.

VERTUS

Excellente pour arrêter le saignement de nez,
on recommande les sommités fleuries en infusion
pour l'épilepsie, on s'en sert aussi pour la grattelle et pour faire cailler le lait.

Caillelait blanc à fleurs blanches. *Gallium
album vulgare.*
Il ressemble au précédent et a les mêmes vertus.

Fenouil ordinaire. *Fœniculum nigrum semine oblongo.*

Fenouil doux de Florence. *Fœniculum dulce
major et albo semina.*

Fenouil. Seseli de Marseille. *Fœniculum tor-tuosum.*

Fenouil oriental. *Cumin dictum semine vil-loso Cuminum.*

VERTUS

Les fenouils sont apéritifs, diurétiques, sudo-rifiques, stomachiques, expectorants, fébrifuges et échauffants, la racine est une des cinq grandes apéritives qui sont : l'asperge, l'ache, le fenouil, le persil et le petit houx. Les cinq petites sont : l'arrête-bœuf, le caprier, le char-don roulant, le chiendent et la garance. Les quatre semences chaudes sont celles de fenouil, de cumin, de carvi et d'anis. Les racines du fenouil et les feuilles sont très bonnes pour faire venir le lait aux nourrices, bonnes dans le lait ou le sirop de violette pour les toux catar-rheuses. La phtisie commençante, la fluxion de poitrine, infusées dans le lait, elles font un cataplasme résolutif pour les tumeurs du sein ; l'eau distillée, le suc bien dépuré, ou l'infusion de sa racine dans du vin blanc ; au dire d'un grand médecin, a guéri sous ses yeux un malade atteint d'une cataracte bien formée, l'huile essentielle soulage beaucoup les asthmatiques et calme la toux la plus opiniâtre, on en prend douze à quinze gouttes dans du lait ou dans une tisane pectorale, elle est aussi très utile dans la colique à la dose de six à huit gouttes. Aucune autre plante n'approche de celle-ci pour résoudre et pour ouvrir, bouillie dans le lait. L'usage de cette plante fait aussi maigrir, enfin elle a une vertu bien reconnue pour fortifier l'estomac, aider à la digestion et dissoudre les glaires, soit qu'on en use dans les aliments, soit qu'on en prenne en infusion. C'est à cause de ses grandes vertus que l'Italien dit : *Fenochio è pané mi basta*, du fenouil et du pain me suffisent. La fleur infusée dans l'eau-de-vie fait une excellente liqueur.

Branc-ursine. *Meum foliis aneti.*
Semblable au fenouil de Provence, mêmes vertus.

Animi ordinaire.

Animi *parvum foliis fœniculi, anuum orientis,* animi odorante de Candi à feuilles de fenouil.

VERTUS

Les graines sont une des meilleures carminatives par l'odeur.

Anet à feuilles de fenouil. *Anetum hortense.*

Coriandre. *Coriandrum* (10 grammes).
Caractère, usage, vertu des fenouils.

Arnica, souci des Alpes. *Doronic, doronicum radice scorpii.*

Alisma. Bétoine de montagne, plantain de
montagne.

Doronicum, *Folio alternus*, à feuilles alternes.
Feuilles imitant celles du plantain, couchées
en rosette. Les fleurs sont radiées, semences
menues garnies d'aigrettes, involucre, formé de
plusieurs rangées d'écailles étroites et pointues.

VERTUS

Elle ne s'emploie qu'à l'extérieur comme résolutive du sang caillé, les fleurs et les feuilles
sont sternutatoires, la décoction arrête le sang.
On en fait une teinture employée dans toutes

sortes de blessures, mais il ne faut l'employer qu'avec prudence sur les plaies qu'elle pourrait faire enflammer d'une manière dangereuse. Teinture d'arnica, fleurs 10 grammes, eau-de-vie 45 grammes. Toutes les teintures se font de même, celles de gentiane, d'aloès, de ratanhia, de rhubarbe, d'écorce d'orange, douce-amère, aconit, etc. de même l'acoolature, parties égales plante et alcool.

Souchet long, odorant. *Syperus odorata officinarum radice longua.*

Souchet rond, vulgaire. *Syperus panicula, crassiore minus.*

VERTUS

Le premier est préférable, il est moins âcre et plus astringent que le galenga, c'est un fort bon stomachique, emménagogue, diurétique, alexitère, et la décoction fortifie les gencives.

Carline. Caméléon blanc. *Carlina.*

Carline noire ou des Alpes. *Carlina caulescens flore magno.*

Fleurs radiées, semences garnies de poils blancs qui, réunis, forment une espèce de brosse, elles sont séparées entre elles par une espèce de petite feuille en forme de gouttière.

VERTUS

Elles sont sudorifiques, vulnéraires, vermifuges, emménagogues.

Ulmaire. Reine des prés. *Ulmaria, spirea.*
Fleur en cloche en ombelle, le pistil se change en un fruit composé de plusieurs gaines torses et ramassées en forme de tête ; dans chacune d'elles se trouve une semence. La feuille ressemble à celle de l'ormeau, composée de plusieurs autres oblongues, dentées, au bord, vertes en dessus et blanches en dessous.

Barbe de chèvre. *Barba capræ floribus oblongis.*

VERTUS

Ces deux plantes sont diurétiques, sudorifiques, alexitères, astringentes pour le ventre et les hémorragies, les fleurs en infusion sont regardées comme cordiales, extérieurement elles sont vulnéraires et astringentes pour les plaies et ulcères pour les consolider et cicatriser.

Giroflée jaune. *Leucoium luteum vulgare flore simplici.*

VERTUS

Les fleurs de la giroflée sont céphaliques, antispasmodiques, diurétiques et anodines, l'huile par infusion est fortifiante et anodine dans les grandes contractions des membres, la paralysie, l'apoplexie, pour aider à l'accouchement, elles entrent dans l'huile d'euphorbe et l'eau universelle.

Tilleul ordinaire à petites feuilles. *Tilla folio minor.*

Tilleul à grande feuille. *Tilla folio major.*

VERTUS

Les fleurs sont très utiles le matin, en infusion, comme cordiales, céphaliques, antispasmodiques, pour se préserver de l'apoplexie, dans les vertiges, elle entre dans l'eau d'hirondelle, générale, qui sont antispasmodiques.

Nielle du Levant, de Crète. Faux cumin. *Nigella flore ceruleo.*

Nielle romaine ou des jardins.

Nielle des champs. *Nigella nigrum et germanicum.*

VERTUS

On préfère la première espèce que l'on remplace par les autres à son défaut, elles sont incisives des glutinosités du sang, des reins, des poumons, par conséquent bonnes pour la gravelle, expectorantes, carminatives, antispasmodiques, elles entrent dans le sirop d'armoise, emménagogues, diaphorétiques, vermifuges, fébrifuges; on s'en sert en infusion dans le vin ou l'eau. Extérieurement c'est un fort bon résolutif vulnéraire, elles entrent dans l'huile de scorpions, l'électuaire de baies de laurier.

Plantes et extraits de plantes étrangères

Cardamone ou graine de paradis, petites gousses triangulaires.

VERTUS

C'est un très bon atténuant des humeurs épaisses, grossières, par conséquent céphalique, carminatif, stomachique, emménagogue, diurétique, alexitère, pour résister à la malignité des humeurs; il entre dans le sirop de vipère, l'opiat de Salomon, la poudre d'ambre, etc.

Amôme en grappe. *Amomum racemosum.*
C'est une coque ronde, grosse comme un grain de raisin et disposé comme lui en grappe.

VERTUS

Les grains qui sont dans la coque sont incisifs, stomachiques, carminatifs, diaphorétiques, alexitères, cordiaux et emménagogues.

Anacarde. C'est un fruit gros comme une châtaigne, en cœur, d'où lui vient son nom, il contient une amande blanche, vient de Malacca.

VERTUS

En décoction, les anacardes sont céphaliques, raréfient et purgent la pituite. Extérieurement, elles sont résolutives.

Anis étoilé. Vient d'un fruit étoilé à 7 rayons,

VERTUS

Cette semence a une vertu supérieure à notre anis, on peut s'en servir en poudre ou en infusion, le bois a les mêmes vertus ; les Chinois la mettent avec leur thé pour le rendre plus agréable.

Vanille. *Vanilla.* Gousse venant du Mexique, très odorante.

C'est un fort cordial, céphalique, stomachique, atténuant des humeurs gluantes, et est emménagogue. Elle sert à aromatiser les pâtis-

series. On en fait avec ces gousses, ou les tiges,
une liqueur délicieuse.

Café. Le café si employé aujourd'hui, on
pourrait dire même trop, car il est bien cause,
très souvent de l'anémie, étant un excitant nerveux, par là trompant l'estomac surtout le matin
où ceux qui le prennent avant le repas n'ont
pas l'appétit nécessaire pour la nourriture; le
café au lait est indigeste pour les enfants surtout, mieux vaudrait changer cette coutume,
prendre le lait pur, le matin, avec une bonne
tartine beurrée et ne prendre le café qu'après un
repas copieux, car il facilite la digestion, empêche les rapports, les aigreurs, les migraines, il
convient aux personnes bilieuses, aux pitui-
teux ayant une tendance à engraisser, aussi les
personnes nerveuses doivent-elles s'en abstenir, il est contrepoison des narcotiques, en faisant une infusion très forte, tel que l'empoi-
sonnement par la belladone, l'opium, la morphine, le tabac, etc., pour cela on fait infuser
25 grammes de café dans un demi-litre d'eau
bouillante et l'on administre aussitôt après avoir
fait vomir. Enfin, il est tonique, hâte la diges-

tion, apaise les douleurs de tête en respirant la vapeur de l'infusion, rabat les vapeurs, donne de la gaieté, empêche l'assoupissement après le repas, en effet, puisqu'il excite, il resserre un peu le ventre après son excitation, pousse un peu aux urines et aux mois. L'usage fréquent est mauvais pour les personnes qui ont la poitrine délicate et pour celles d'un tempérament actif, nerveux, et qui dorment peu, parce qu'il amaigrit et empêche de dormir.

Girofle ou clou de girofle.

VERTUS

C'est un cordial, stomachique, atténuant, alexitère, expectorant, il est d'un grand usage dans les compositions qui ont ces propriétés, l'essence mise dans une dent cariée brûle le nerf dentaire et guérit la douleur.

Cannelle (5 grammes). *Cinamomum.*
C'est l'écorce d'une espèce de laurier de Ceylan.

VERTUS

C'est un cordial stomachique de même que le girofle, on fait ainsi le vin de cannelle (25 à 35 grammes de cannelle dans un litre de vin blanc ou rouge selon que l'on destine l'un ou l'autre pour être astringent, le vin rouge l'étant plus que le blanc, laissez tremper pendant huit jours puis filtrez, ajoutez la quantité de sucre que vous voudrez, un petit verre contre les faiblesses ou pour les convalescents, on fait aussi un vin chaud à la cannelle (5 grammes par litre) qui est le meilleur cordial pour les personnes qui ont été exposées au froid, et en péril de fluxion de poitrine, pneumonie, bronchite, gros rhume, etc., l'huile essentielle énerve beaucoup et par là accélère les battements de cœur et la chaleur, il réveille dans la syncope, empêche le refroidissement et ses suites, c'est un excellent remède pour les estomacs fatigués, les gastralgies mais est moins favorable aux dyspeptiques à cause de son tanin astringent, par ce fait étant aromatique, vulnéraire et astringent, il assainit les ulcères et les guérit.

Cassia *ligna*. Cet aromate ressemble à la

cannelle, elle est plus piquante au goût, mais moins aromatique, elle devient visqueuse lorsqu'elle est mâchée. Sa qualité cordiale et visqueuse rend son usage précieux dans les catarrhes suffocants où ordinairement l'expectoration manque par le défaut de force.

Cannelle giroflée. Fruit comme les noix de Galle, on les appelle noix de girofle ou de Madagascar.

VERTUS

Les mêmes vertus de la cannelle et de la girofle.

Salseparellle (50 grammes). Plante de la famille des asperges.

VERTUS

Elle a le goût de la cannelle, du girofle, de la muscade mêlés, ainsi que l'odeur; on s'en sert comme aromate dépuratif dans le rhumatisme sciatique, les maladies vénériennes, en tisane, mais n'est pas très active.

Cannelle blanche ou bois d'Inde.
Elle produit la graine de girofle ou poivre de la Jamaïque.

VERTUS

Elle est astringente, la graine est âcre et a la vertu du poivre.

Cortex. *Winteranus.* Elle ressemble un peu à la cannelle.

VERTUS

C'est un bon incisif pour diviser la pituite de l'estomac, de la tête, pour les affections froides de l'un et de l'autre, et pour le scorbut.

Thé. Il y a quatre espèces de thé : le vert, le péko, le boke et l'impérial, qui est le plus rare.

VERTUS

Lorsqu'on joint au thé du sirop de capillaire on l'appelle une bavaroise, soit à l'eau, soit au lait. C'est un cordial, stomachique, diaphorétique, très propre à nettoyer l'estomac et à purifier le sang, les personnes nerveuses doivent s'en abstenir ainsi que les grands mangeurs, car il pourrait détruire l'estomac.

Feuille indienne officinale.

VERTUS

Elle est céphalique, stomachique, aloxitère, diurétique et diaphorétique.

Jonc odorant ou schanantos.
Espèce de gramen de l'Arabie heureuse servant de pâture en son endroit.

VERTUS

C'est un bon atténuant, diaphorétique, diurétique, emménagogue, en infusion, dans les rhumes invétérés et opiniâtres.

Spicanard. *Nardus indica.* Epi indien.

VERTUS

C'est un diurétique, atténuant, diaphorétique,

alexitère, céphalique et stomachique; on ne s'en sert guère que pour les compositions.

Nard celtique.

Racine écailleuse, noueuse, en forme d'épi, est aromatique.

Vertus du spicanard.

Racine Indienne ou de saint Charles. *Radix indica.* (5 à 10 grammes.)

VERTUS

L'écorce de la racine est aromatique, sudorifique, estimée pour les maux de dents, couper un petit morceau de cette racine, qui est d'un brun rougeâtre, le râper ou le mâcher, et l'appliquer sur la dent malade, guérit ce mal très souvent; pour le mal de tête, en râper puis l'humecter et l'appliquer sur le front; elle est bonne pour la petite vérole, le scorbut, les catarrhes, en poudre ou en infusion.

Racine Sainte-Hélène. *Galenga spéciosa.*

VERTUS

On estime cette racine fort apéritive, diurétique dans la colique néphrétique, la difficulté d'uriner; extérieurement on l'emploie écrasée pour fortifier les membres.

Bois d'aigle. Calambour.
Vient en Cochinchine.

VERTUS

Brûlé, il parfume les appartements, préserve du mauvais air; en infusion, il fait suer, ranime les esprits et fortifie.

Sassafras. (10 grammes.)
Bois dur et aromatique d'un goût un peu piquant.

VERTUS

Ce bois est un incisif très pénétrant, en même temps que sudorifique, qui convient beaucoup dans les cas où les humeurs sont très épaisses et âcres, pour les diviser, les purifier, comme dans les maladies cutanées, les épaississements lymphatiques, car il est en même temps fondant de la lymphe, dans la goutte, le rhumatisme, les douleurs vagues, les catarrhes, en purifiant le sang il fortifie les parties vitales, il entre dans la décoction antivénérienne et dans la tisane sudorifique.

Benjoin.

Résine d'une odeur douce, suave (benjoin en larmes).

VERTUS

C'est un aromatique très pénétrant, incisif, détersif, diaphorétique, très propre pour déterger les humeurs épaisses, gluantes, de la poitrine, dans l'asthme, les ulcères du poumon, la teinture dans l'esprit de vin (200 grammes par litre) est très échauffante et peut servir pour les gerçures du sein ; les pastilles de benjoin servent pour les fumigations, l'emplâtre stomachique, le baume du commandeur, apoplectique, l'huile de scorpion, etc.

Camphre. *Camphora*.

VERTUS

C'est un très bon discussif du sang, antiseptique, antihystérique et céphalique; on fait l'huile camphrée en mettant un dixième de son poids dans celui d'huile d'olive ou d'arachide, ou de toute autre huile et vaseline aussi. L'alcool camphré, un dixième, eau-de-vie quinze grammes, pour un demi-litre d'eau-de-vie; pommade camphrée, graisse de porc 100 grammes, camphre 25 grammes, on peut ajouter un peu de cire si l'on veut, en tout cas mettre le quart de camphre et si la composition était trop épaisse on pourrait y ajouter un peu de vaseline. Pour faire la poudre de camphre, il faut verser quelques gouttes d'éther dessus, puis piler vivement et passer au tamis.

Un morceau de camphre gros comme un haricot, avalé au soir, procure un sommeil paisible et des songes riants; l'huile camphrée, dont on a imbibé un linge et appliquée sur un panaris, une tourniole, dès le début, en arrête les conséquences; pris ou mis dans un tube, tuyau de plume par exemple, puis en respirer l'odeur, préserve de l'épidémie, du rhume; répandu sur les vêtements, il est aussi bon contre la contagion; il est à remarquer que ses qualités ont été beaucoup exagérées, quoiqu'il soit, néanmoins, très salutaire.

Encens.

L'encens vient d'un arbre appelé thur (*arbor thurifera*). Le plus pur est appelé oliban, ou encens mâle, l'autre encens femelle, le plus pur est appelé manne d'encens.

VERTUS

C'est un bon diaphorétique, sudorifique, dans les maladies de poitrine il aide l'expectoration, il est astringent dans les cours de ventre, et aussi diurétique, c'est un ingrédient de l'eau contre la pierre, de la thériaque, de l'emplâtre de Vigo, des pilules de Cynglosse, de Styrax, qui sont expectorantes, du baume du Commandeur, de Fioraventi, etc.

On peut en mettre dans le creux d'une dent gâtée, ce qui la fait éclater et tomber, il sert aussi à parfumer les appartements.

Sandaraque. Résine qui vient de l'occicèdre ou grand genévrier d'Afrique,

VERTUS

Elle est incisive, résolutive, très bonne pour

l'extérieur ; elle entre dans plusieurs onguents, emplâtres, dans les pilules expectorantes de Becher.

Oopal ou *Paucopal*. Résine émolliente. résolutive, pour les tumeurs, en emplâtre ou en fumigation, de cette manière pour les maladies de la tête,

Mastic. Résine qui vient d'une espèce de lentisque.

VERTUS

C'est un remède astringent, anodin et fort stomachique ; il arrête les vomissements et cours de ventre et guérit les enfants qui pissent au lit la nuit ; pour cela, on en fait des gâteaux composés ainsi : graines d'orties blanches, mastic en larmes et farine de seigle dont voici la recette : graines d'orties blanches, c'est-à-dire les sommités graineuses, 30 grammes ; mastic en larmes (chez le pharmacien), 30 grammes ; farine de seigle, passée au tamis, quantité suffisante pour faire trois petits gâteaux que l'on donne à manger à l'enfant en trois jours, puis recommencer deux autres fois, ce qui fera neuf jours; on pourra sucrer si l'on veut. Il faudra avoir le soin de bien réduire la graine d'ortie en une poudre très fine, après l'avoir fait sécher au four. On en tire une huile, une essence, un esprit: il est un des ingrédients de la thériaque céleste, de l'hiérapicra, des pilules astringentes, sans pareilles, de la poudre contre l'avortement, de l'eau contre la néphrite. On peut s'en servir en poudre, bol, opiat. Extérieurement, c'est un bon tonique, astringent, qui entre dans les huiles, onguents, cérats, emplâtres, astringents, discussifs. On en fait ainsi des emplâtres que l'on met sur les tempes pour les maux de dents.

Ladanum. Gomme résine de deux espèces : l'une en rouleau, l'autre en consistance de baume épais, noir. Il vient du cystus ladanifera.

VERTUS

On en tire une essence, un esprit, une résine qui est astringente, résolutive et incisive. On en fait une huile par infusion et l'on s'en sert peu à l'intérieur, mais à l'extérieur, il sert dans nombre de baumes, emplâtres, contre celui de la rupture, et c'est de lui que l'on fait le baume vert pour les crevasses.

Tacamaque. *Gummi tacamaca.*

VERTUS

Cette résine ou baume est un résolutif, céphalique, anodin. On s'en sert beaucoup en onguent, baume, emplâtre, épithème (topique) sur le cœur, l'estomac, pour les .animer. Elle entre dans le baume de Fioraventi, du Commandeur, les pastilles odorantes pour fumigations, l'emplâtre diabotanum. odontalgique, pour appliquer sur les tempes pour le mal de dents.

Elemi. *Gummi elemi.*

VERTUS

Elle est résolutive, émolliente, détersive. On ne l'emploie guère que pour les plaies, piqûres, tumeurs des parties tendineuses, les foulures, fractures, dislocations, dans les baumes, emplâtres, comme le baume de styrax, de bétoine, de Fioraventi, odontalgique.

Anime. *Gummi anime.*

VERTUS

Cette gomme vient d'un arbre appelé Courbaril, en Amérique. Elle est bonne en onguent, emplâtre. fumigation. pour résoudre les tumeurs froides. contre la migraine, très bon détersif pour cicatriser les plaies.

Lacque. *Gummi,* vient de Chine.

VERTUS

Elle donne en brûlant une odeur assez agréable, elle est incisive, pénétrante, diaphorétique pour purifier le sang, alexitère, expectorante et fortifie les gencives.

Caragne. *Gummi caranea.*
Elle vient d'un arbre appelé *arbor insania,* arbre de la folie.

VERTUS

C'est un puissant incisif des glaires et des humeurs visqueuses, elle est en même temps tonique et convient beaucoup pour calmer les douleurs de jointures et les fortifier, pour les maux d'yeux et de dents, appliquée sur la tempe, elle résout et cicatrise les plaies, elle entre dans l'eau générale qui convient dans tous ces cas.

Ammoniaque. *Gummi ammoniacum.*

Elle sort d'un arbre de Lybie (Afrique), appelé *arbor ammonifera,* aux environs d'où était le temple de Jupiter-Ammon, d'où lui vient son nom. On la purifie avec du vinaigre pour s'en servir à l'intérieur.

VERTUS

C'est un très bon fondant de la lymphe dans les humeurs froides, les duretés de la rate, du foie, du mésentère, pour faire sortir les épines, échardes des chairs. On pile de cette gomme ammoniaque avec de l'aurone et du vinaigre, puis on l'applique sur celles-ci. Les chairs étant ramollies par cet emplâtre, l'extraction se fait aisément, surtout si l'on laisse tomber aux alentours une ou deux gouttes de cocaïne pour endormir les chairs et éviter la douleur. On fait aussi un emplâtre merveilleux pour les loupes ;

on prend : gomme ammoniaque, 30 grammes ;
25 grammes d'antimoine réduit en poudre très
subtile (le faire faire au pharmacien), puis on
mêle intimement en en faisant un emplâtre qui
fait bientôt lever des pustules; puis la loupe disparaît tout à coup. Elle est emménagogue et
entre dans beaucoup de bols, opiats, fondants,
comme les pilules antihystériques, fétides, les
purgatifs fondants de Bontius, de Sagapenum,
l'opiat mésentérique. Extérieurement, c'est un
bon fondant en emplâtre, onguent, résolutif,
émollient, pour ramollir les cors notamment.
On en peut faire un très bon usage à ce titre,
c'est lorsque ceux-ci sont bien ramollis, on
passe une plume taillée en lame tout le tour de
ce cor, puis on l'enlève; une goutte de cocaïne
pour les personnes très sensibles.

Séraphique. *Gummi sagapenum.*
Gomme rouge en dehors et blanche en dedans.

VERTUS

Mêmes vertus que la gomme ammoniaque,
c'est-à-dire un peu purgative aussi.

Styrax ou *Storax.*

Il y en a de trois espèces : la première est appelée Styrax ruber (rouge), la deuxième Styrax calamita, c'est la plus estimée pour les parfums et la médecine, et la troisième Styrax liquidus (Styrax liquide); cette dernière ne sert qu'à l'extérieur.

VERTUS

C'est un cordial céphalique, alexipharmaque, incisif des glaires et expectorant. On en tire un esprit, une essence, une huile grossière; le storax liquide est un émollient résolutif, on en fait un emplâtre, un onguent, qui est un fort bon antiseptique. Il entre dans l'emplâtre de Vigo, de grenouilles, le diabotanum, etc.

Bedellium.

Gomme qui découle d'un arbre d'Afrique appelé *Bidella.*

VERTUS

Des autres gommes, il est sudorifique, incisif, alexitère. On s'en sert pour tempérer, il entre dans plusieurs onguents, emplâtres, fortifiants, résolutifs, émollients.

Opopanax.

Gomme jaune tirée d'un arbre de Macédoine appelé *Sphondilium.*

VERTUS

Vertus de la gomme ammoniaque. On l'emploie souvent avec elle et on la purifie en la faisant fondre dans le vin ou le vinaigre. On la préfère pour les maladies hystériques à cause de son odeur.

Assa fœtlda.

C'est une gomme puante appelée aussi *Stercus diaboli.* Elle vient d'une espèce de rue de Lyble.

VERTUS

Vertus de la gomme ammoniaque, mais n'est employée que pour les maladies hystériques où elle entre dans presque toutes ces préparations. De même elle entre dans le baume acoustique. Elle est aussi très sudorifique, mais son odeur infecte ne peut guère plaire.

Galbanum.

Gomme qui découle d'un arbre d'Arabie, espèce de férule.

VERTUS

Vertus de la gomme ammoniaque. Sert principalement pour les maladies des femmes, contre les vapeurs, elle aussi sent très mauvais,

Liquidambar,

Vient de la nouvelle Espagne.

VERTUS

Elle est expectorante dans l'asthme, la pulmonie, antiseptique, résiste à la malignité des humeurs, à la gangrène. Elle purifie le sang en chassant par la transpiration les mauvaises humeurs; il est excellent pour les coupures, blessures, plaies en général; c'est un fort bon résolutif pour les tumeurs. Détersif pour les ulcères internes et externes, il est diurétique et fortifie les nerfs pour la sciatique, le rhumatisme.

Baume du Pérou. *Balsamum peruvianum.*
Il y en a de quatre espèces : 1° le blanc, qui est liquide ; 2° le rouge, qui est sec ; 3° le brun, ou noir liquide ; 4° le brun, sec.

VERTUS

Vertus du Liquidambar. En unissant un peu de camphre au baume noir, on en fait un spécifique pour les engelures.

Baume de copahu,
Ou huile copeau. *Balsamum Brasiliense aut copaïba.* Il y en a de deux espèces : un qui devient sec est le meilleur, l'autre qui vient en consistance de miel qui découle de l'arbre copahu.

VERTUS

On fait beaucoup d'éloges de ce baume pris intérieurement depuis dix gouttes jusqu'à trente dans quelque liqueur convenable ou en pilules, soit avec la poudre de réglisse ou autre. Outre les vertus du Liquidambar qu'il possède, il arrête le cours de ventre, la dysenterie, les pertes rouges et blanches des femmes, la gonorrhée principalement (écoulement vénérien); il purge doucement par les selles comme la térébenthine et pousse fortement par les urines, ce qui le rend recommandable pour chasser les glaires et graviers des reins et de la vessie ; il est aussi utile dans l'hydropisie pour rétablir le cours des urines. Extérieurement, il est admirable pour déterger, consolider et opérer la synthèse des plaies; les Juifs s'en servent après la circoncision pour étancher le sang, comme excellent astringent et vulnéraire ; il donne l'odeur de violette à l'urine.

Tolu.

Baume dur. Baume sec. Baume d'Amérique.

VERTUS

Vertus du Liquidambar et du Baume de Judée, il a une odeur de benjoin, un goût doux et agréable, ce qui le distingue des autres baumes, qui ont une odeur âcre et amère, sa saveur agréable le rend propre à être pris intérieurement, ayant surtout l'avantage de ne point exciter de nausées comme les autres baumes ; on en fait un sirop balsamique pour les ulcères internes et la phtisie, des pastilles excellentes pour la toux, l'asthme, les catarrhes, etc.

Baume du Canada. *Balsamum canadense.*
Sorte de térébenthine qui vient d'un Sapin du Canada.

VERTUS

D'un goût plus agréable que la térébenthine et ne causant point de nausée, comme les autres baumes. On la nomme ainsi à cause de ses propriétés qui sont celles des autres baumes. On s'en sert pour purger les personnes attaquées d'ulcères internes, 4 ou 6 grammes dans un jaune d'œuf, il ne cause aucune nausée.

Baume de Judée. *Opobalsamum Judaïca.*
Baume blanc, résine liquide.

VERTUS

Il sert à faire le lait virginal et la pommade à la sultane qui sont beaucoup estimés pour l'embellissement de la peau, il est d'autant meilleur qu'il est plus nouveau, les femmes d'Egypte se guérissent parfois de la stérilité, soit en l'avalant, soit en suppositoire ou en fumigation, il est très recommandable pour la guérison des plaies sans suppuration, car, s'il y avait suppuration, il arrêterait et refermerait le mal en dedans, d'ailleurs, il a la vertu des autres baumes.

Térébenthine. Il y en a de deux espèces, la commune et celle de Venise. Vertus du liquidambar, on s'en sert à l'intérieur comme diurétique, détersif, adoucissant dans la gonorrhée, ulcère de la vessie, des reins, elle donne l'odeur de la violette aux urines, on la préfère pour les affections des reins et les autres baumes pour celles de la poitrine, on la met dans les lavements pour les ulcères internes, on l'emploie comme bon vulnéraire détersif, résolutif dans les baumes, emplâtres qui ont ces propriétés ainsi que dans le baume de soufre qui est expectorant, on en met quelques gouttes dans les cataplasmes émollients pour les douleurs et névralgies, on l'emploie à l'intérieur sous forme de capsules ou de perles à la dose de 5 à 12 par jour contre les rhumatismes, la goutte, les catarrhes, la colique hépatique et les empoisonnements par le phosphore.

3ᵉ CLASSE

Plantes amères desquelles on tire les stomachiques, fébrifuges, toniques, apéritifs, diurétiques, vermifuges, emménagogues et extérieurement les principaux vulnéraires, détersifs, antiseptiques.

———

Absinthe romaine, grande absinthe. *Absintium romanum et officinarum.*

Absinthe (petite) ou pontique. *Absintium tenui folium.*

Absinthe marine, aluyne. *Sanguenite. Absintium sanguenitum.*

Absinthe blanche, genepi des Alpes. *Absintium alpinum.*

Fleurs jaunes, à fleurons, semences sans aigrettes, feuilles odorantes, amères.

VERTUS

C'est un grand incisif des glaires et des premières voies et du sang, l'infusion à froid dans le vin, la conserve des fleurs, le sirop simple et composé, la tisane, l'extrait sont usités contre les vers. Absinthe marine 15 grammes; eau, 1 litre, une gousse d'ail; un verre tous les matins contre les lombrics des enfants (vers intestinaux), mais il faut bien sucrer; elle est bonne aussi contre les affections de l'estomac et pour faire venir les règles, l'huile en infusion ou les feuilles en cataplasme suffisent, sur le bas-ventre, pour les enfants. Le sel d'absinthe avec le suc de limon (citron) est un remède sûr et éprouvé contre le vomissement. Il n'y a pas de compositions stomachiques où l'absinthe n'entre pas quelque peu, telles les pilules gourmandes de Rufus, la décoction fébrifuge, 3 grammes de poudre dans un liquide quelconque, la confection hamec, l'orviétan. A l'extérieur, la décoction, le vin sont de bons détersifs, discussifs, vulnéraires, on se sert de l'une ou de l'autre, mais la blanche est plus usitée.

Aloès vrai. *Aloe costa spinosa vera.*

L'aloès vient d'Afrique principalement, mais il pousse en plein air dans le midi de la France, en Italie, il y en a un grand nombre d'espèces.

VERTUS

On tire de l'aloès un suc gommo-résineux, très amer, qui sert à faire des teintures vulnéraires très estimées ; il est un bon purgatif à la dose de 15 à 30 centigrammes, son inconvénient c'est qu'il attire le sang vers les parties basses et par conséquent ne vaut rien pour les personnes disposées aux hémorroïdes, car il échauffe le gros intestin, étant par là contraire pour combattre la constipation rebelle. C'est un emménagogue assuré, il entre dans beaucoup de purgatifs composés et ne doit se prendre qu'en mangeant autrement il cause des tranchées. On en fait la teinture d'aloès, 20 à 25 gr. d'aloès pour 100 grammes d'eau-de-vie, est employée contre les plaies, blessures de toutes sortes ; elle est tonique, vulnéraire, emménagogue, on s'en sert pour arrêter la carie enfin c'est un très bon balsamique, détersif et antiseptique.

Aristoloche ronde. *Aristolochia.*

Aristoloche longue, vraie.

Aristoloche clématite, râtelaine, sarasine des vignes.

Aristoloche petite.

Fleur monopétale, en cloche et tuyau évasé, d'un jaune très pâle, fruit de la figure d'une noix longue, presque aussi gros et renfermant des semences de la figure de morceaux de gâteaux entassées les unes sur les autres. racines rampantes, odeur très forte.

VERTUS

Les racines étant amères sont usitées comme d'excellents antidotes contre la morsure d'animaux venimeux, elles entrent dans toutes les compositions alexitères comme l'eau générale, la thériaque, le diaterasson. l'orviétan ; on l'estime beaucoup contre la goutte, elles entrent dans les trochisques hystériques, dans la poudre de Mars, bonnes pour les maladies du sexe, surtout à l'extérieur ; c'est un antiseptique, détersif, vulnéraire admirable pour les plaies et ulcères, et la décoction est très bonne contre la gangrène. Elles entrent dans l'onguent des apôtres, le diabotanum, l'emplâtre divin, le baume vert, l'huile de scorpions qui sont d'excellents résolutifs et contre la gangrène, on peut se servir de même de la poudre.

Aster, œil du Christ, saint Michel. *Flore ceruleo.*

Aster maritime. *Palustris, ceruleus salicis folio* (à feuilles de saule).

Aster. *Enula campana*. Aunée.

Fleurs radiées, semences à aigrettes bleues ou violettes, quelquefois blanches et jaunes d'or dans le milieu ; ces plantes sont vivaces, les tiges sont rougeâtres, hautes de un mètre, garnies de feuilles oblongues d'un vert clair en dessus, racines charnues.

VERTUS

Les racines de l'aunée surtout sont incisives des glutinosités de l'estomac dans les indigestions, pituites de la poitrine, dans l'asthme, les catarrhes ; on en fait un vin, un extrait, une conserve qui sont admirables dans les affections de l'estomac, qui viennent des glutinosités et de l'inertie des fibres, et maladies chroniques qui sont entretenues par ces causes ;

elle est de plus sudorifique pour purifier la masse du sang et des humeurs. C'est un bon détersif pour les plaies et ulcères; elle entre dans le sirop d'erezymum, le jus de réglisse comme expectorant, dans celui d'armoise, comme apéritif dans la confection Hyacinthe, comme stomachique et comme résolutif dans l'onguent martiatum et le diabotanum. Il t un proverbe qui dit : *Enula campana reddit præcordia sana*. L'aunée rend le corps sain.

Blataire. Herbe aux mites. *Blataria flore luteo.*

Fleurs jaunes, feuilles longues lasciniées, fleur monopétale en rosette partagée en cinq parties, le fruit ou coque est rond, ovale, plus pointu que dans le verbascum; seule différence, cette coque est divisée en deux loges, remplies de petites semences anguleuses, feuilles sans poils ni duvet, vertes, brunes.

VERTUS

La racine est apéritive, vermifuge, les feuilles en cataplasme sont résolutives et émollientes, on peut l'employer à l'intérieur comme l'aunée.

Eupatoire. *Eupatorium canabinum.*

Feuilles semblables au chanvre. Fleurs à fleurons évasés à plusieurs pointes desquelles sortent des filaments fourchus, longs, qui surmontent la fleur, semences garnies d'aigrettes.

VERTUS

La racine est un très bon apéritif (20 gram.) dans la cachexie, les maladies chroniques du foie, de la rate obstruée, c'est presque la panacée des paysans, ils s'en servent infusée dans le vin, la bière, comme pour les ulcères avec enflures des jambes, elle est emménagogue, stomachique, et convient dans les maladies du sexe, la jaunisse, les pâles couleurs, fièvres quartes, le scorbut, son odeur a quelque chose de narcotique; on en fait une huile par infusion qui est un bon maturatif, résolutif, vulnéraire, astringent pour les plaies et ulcères de quelle nature qu'elles soient.

Chanvre. *Canabis sativa mas et femina.*

VERTUS

On peut se servir des feuilles en cataplasme

pour résoudre les tumeurs ; l'huile est anodine, adoucissante, résolutive dans la brûlure, le bourdonnement d'oreilles, calmante dans la toux, et avec quelque acide excellente contre les vers ou en liniment sur le bas-ventre.

Centaurée grande. *Centaurium majus, folio laciniato.*

Fleur à fleurons découpés en lanières, naissant dans une tête écailleuse qui est le calice de la fleur, d'un bleu violet, semences oblongues garnies d'aigrettes, on l'appelle aussi têtard.

VERTUS

C'est un fort bon stomachique, très usité pour les fièvres intermittentes, elle a réussi où le quinquina avait quelquefois manqué son effet ; dans ces cas on la fait infuser dans l'eau, on en prend quelques tasses entre les accès et l'on se met le marc en bandeau sur le front et sur l'estomac (une bonne poignée par litre), elle est sudorifique, très propre à détruire tous les mauvais levains qui causent ou entretiennent les anémies et maladies chroniques, infusée dans l'eau ou le vin, on s'en sert aussi à titre de vermifuge, d'emménagogue et d'antiscorbutique, la décoction est aussi bonne pour les ordures de la tête. Extérieurement elle est aussi bonne comme vulnéraire appliqué sur les plaies récentes.

Germandrée, petit chêne. *Chæmedris minor repens.*

Feuille assez semblable à celle du chêne, haute d'un pied, elle vient dans les lieux incultes et pierreux, fleur labiée, dont les étamines tiennent lieu de la lèvre supérieure; l'inférieure divisée en cinq parties : celle du milieu est plus large que les autres, creuse en forme de cuillère, semences au nombre de quatre, les fleurs naissent dans l'aisselle des feuilles.

VERTUS

C'est un amer stomachique, incisif, sudorifique excellent et sûr dans les maladies lentes et chroniques où il s'agit de diviser les humeurs, purifier le sang par les urines ou la transpiration, comme dans les démangeaisons, les catarrhes, la goutte; elle s'emploie pour les maladies du sexe, d'obstructions et les vieux

ulcères, elle est emménagogue, on s'en sert le
matin en forme de thé, et on peut compter sur
un effet sûr quand on le continue pendant
quelque temps et qu'on suit un bon régime ; à
l'extérieur, en fomentation, elle est un fort bon
détersif et elle est prescrite dans la plupart des
antidotes.

Germandrée aquatique. *Chœmedris palustris
canescense feu scordium officinarum.*

Caractère du petit chêne, ajouter les tiges
carrées et les feuilles velues, blanchâtres, odeur
d'ail. Les fleurs sont labiées.

VERTUS

Le scordium a toujours été vanté comme très
bon contre la malignité des humeurs, on en tire
une excellente teinture avec l'esprit de vin,
comme il est sudorifique il purifie le sang de
toutes humeurs étrangères qui tendent à la pourriture ; il entre dans tous les antidotes des anciens, comme la thériaque, l'eau générale, vulnéraire, les deux orviétans, il est antihystérique et convient dans les pâles couleurs, la
suppression des règles, il est bon vermifuge, il

est admirable pour déterger les vieux ulcères, les feuilles entrent dans le mondicatif d'ache, le diascordium, pour résoudre les tumeurs froides et indolentes, on se sert de l'eau distillée, de l'infusion ou du sirop.

Marum. *Chamœdris maritima incana frutescens foliislancalatis. Tragoriganum lobelii.*

Caractère du chamadris, fleur en fer de pique, verdâtre.

VERTUS

Cette plante mérite une place distinguée parmi les céphaliques. Antispasmodique, sudorifique, alexitère, vulnéraire, cordiale, stomachique. On en fait une eau qui surpasse celle de la reine de Hongrie, on peut s'en servir comme du thé dans les affections froides de la tête, spasmodiques de l'estomac pour se garantir du mauvais air.

Teuorium. *Chamœdris frutescens. Teucrium vulgor.*

Fleurs et feuilles du chamadris, à peu près.

VERTUS

Mêmes vertus du chamadris, à peu près.

Coloquinte. *Colocintus fructu rotundo major.*

VERTUS

La coloquinte est d'une amertume insupportable et est un purgatif violent que l'on peut modérer en l'associant à d'autres moins forts, elle purge la pituite la plus grossière comme dans la goutte, les menaces d'affections soporeuses, dans les maladies chroniques rebelles, on forme de la pulpe des pastilles, qui est la seul forme que l'on emploie la coloquinte pure, gomme adragante et pulpe de coloquinte mélangées par parties égales pour faire des pilules grosses comme des petits pois, dose de une à trois, on peut y associer par parties égales du sassafras en poudre très fine, même dose ; il est à remarquer que lorsqu'on veut se purger une dose très minime doit être prise pour bien savoir à quelle dose on devra avoir à faire dans la suite en élevant graduellement la dose s'il y a lieu, elle entre dans l'hiéra-picra, la confection Hameo, les pilules de rudius de sagapénum qui sont fondantes, on la fait bouillir pour lavement, dans l'apoplexie.

Chicorée sauvage officinale, *chicorium* (feuilles fraîches 100 grammes, racines, 20 grammes).

Chicorée blanche ou scarole.

Chicorée frisée.

VERTUS

Les chicorées sont amères, dépuratives, laxatives, dont on prend un verre ou deux tous les matins, elles sont apéritives en même temps.

Chicorée sauvage à verrues. *Zacintum sive chicorium verrucarium.*
Caractère des chicorées.

VERTUS

Des chicorées, le suc estimé pour dissiper les verrues, d'où lui vient son nom.

Lampsane chicorée sauvage, barbelée. *Lampsana.*

VERTUS

Des chicorées mais plus amère et astringente.

Chicorée sauvage. *Condrille, condrilla juncea arvense.*

Hiéracium, herbe à l'épervier. *Dens leonis folio obtuso major.*

Hiéracium. *Amigdaloïdes amarens odor.* Herbe à l'épervier, qui sent le castor.

VERTUS

Des chicorées, elle a quelque chose d'astringent, qu'elles n'ont pas, la dernière peut être employée pour les bouillons, contre les vapeurs à cause de son odeur, le suc éclaircit le vin.

Pissenlit. *Hedipnois, dens leonis* (dent de lion). *Intybum veraticum.*

VERTUS

Des chicorées, son suc laiteux et amer la rend très propre à purifier le sang, diviser la bile; elle est stomachique, et convient dans les affections hypochondriaques surtout au printemps, elle déterge les vieux ulcères, on s'en sert à l'extérieur ou à l'intérieur.

Ornitogale. *Ornitogalum umbellatum medium latifolium.*

Fleur en lys composée de six étamines disposées en rond, fruit oblong, relevé de trois coins
et rempli de semences presque rondes, la racine
est bulbeuse, ce en quoi elle diffère des phalangium et cependant elle n'est pas une scille.

VERTUS

La racine qui est remplie d'un suc doux et
visqueux tirant sur l'amer, mangée ou en décoction, est un fort bon diurétique, adoucissant
expectorant, dans les rhumes, la toux.

Laurier cerise. *Laureo cerasus*. Eau distillée,
de 1 à 10 grammes.
Fleur en rose soutenue d'un calice en entonnoir, fruit comme une cerise renfermant un
noyau et celui-ci une amande.

VERTUS

La feuille a un goût amer un peu astringent,
infusée dans le lait (deux feuilles par litro) lui
donne un goût d'amande amère très agréable,
on en fait une eau qui jouit de propriétés calmantes, mais qui contient de l'acide prussique,
une feuille dans 200 grammes d'eau contre les

crampes de l'estomac et la toux, c'est un poison dont il ne faut pas dépasser la dose.

Tanaisie, coq des jardins. *Tanagetum hortense foliis et odore mentha.*

Tanaisie. *Tanagetum vulgare luteun.*
Les fleurs sont comme de petites boules grosses comme des pois, jaunes, à fleurons découpés soutenus d'un calice écailloux, semences sans aigrettes.

VERTUS

Ces plantes ont une odeur forte et un goût amer ; elles sont fortes incisives, pénétrantes, vermifuges, elles entrent dans la poudre aux vers, sont emménagogues, antihystériques, alexitères à l'extérieur, elles sont de bons vulnéraires, résolutifs, elles entrent dans le baume tranquille.

Pêcher. *Persica et viridis aut rubra.* (Fleurs 20 grammes, sirop de 10 à 20).

VERTUS

Les feuilles et les fleurs surtout sont purgatives. hydragogues, on s'en sert en infusion ou en sirop qui est très usité pour les enfants, en même temps qu'il est vermifuge et fébrifuge, une pincée de seconde écorce infusée dans l'eau pour cette dernière maladie (la fièvre). La pêche est fort humectante, adoucissante et laxative on peut la donner dans les fièvres ardentes pour humecter et apaiser la soif ; l'huile des amandes par expression est vermifuge, adoucissante, détersive dans les bruissements d'oreilles.

Polygala (poli, beaucoup ; galla, lait). Racine 10 grammes.

Fleurs labiées, bleues, accompagnées de deux autres feuilles de même couleur, une de chaque côté, vient dans les bois, les haies, à 0 m. 30 de hauteur.

VERTUS

Son nom de polygala indique qu'elle est bonne pour faire donner beaucoup de lait aux nourrices, sa qualité amère et aromatique la rend stomachique, propre à rectifier les digestions ; on peut s'en servir comme du thé, le suc fait couler, par sa vertu laxative, la bile fort doucement.

Lupin. *Lupinus sativus flore albo.*
Fleur légumineuse blanche ayant une gousse
de trois ou quatre pois.

VERTUS

La décoction est vermifuge, à l'extérieur elle
est détersive, adoucissante dans les affections de
la peau, les dartres, les démangeaisons, la grattelle, la farine en cataplasme est émolliente et plus
résolutive qu'aucune autre farine.

Digitale. Gant de Notre-Dame. *Digitalis purpurea.* (Feuilles sèches 1 gramme).

Digitale. petite. *Gratiole, digitalis dictum
gratia dei.* Herbe à pauvre homme.
Fleur monopétale anormale, semblable à un
doigt de gant d'une couleur rose, en épi, le fruit
est une coque arrondie un peu en pointe remplie de semences menues.

VERTUS

Poison très violent, ne l'employer que d'après
l'ordonnance du médecin, car elle est très énergique à petite dose et vénéneuse à dose plus forte,
elle ralentit le cœur, par conséquent la circulation

du sang, elle augmente les urines, on la prescrit pour faire tomber la fièvre dans les maladies aiguës, tierces, quartes, etc., comme diurétique dans l'hydropisie, la pleurésie et surtout les maladies du cœur, pour cette maladie, poudre de vingt-cinq centigrammes dans un peu d'eau à prendre matin et soir pour les maladies de cœur, etc. Extérieurement, les feuilles et la racine entrent dans l'emplâtre diabotanum qui est un fort bon résolutif, pour les cors, les loupes, les tumeurs pituiteuses et grossières. On peut l'employer en cataplasme avec les herbes émollientes.

Bourdaine. Aulne noir. Bourgène. *Aulnus nigra.*

Fleurs en rose, fruits ou baies noirs, bois noir cannelé.

VERTUS

On se sert de la seconde écorce, principalement de la racine qui est un purgatif très usité dans quelques endroits par les paysans, dans l'hydropisie, à l'extérieur elle sert en onguent pour la gale.

Fumeterre. *Capnos.* Fiel de terre. Herbe à la jaunisse.

Fleur polipétale allongée d'un rouge violet qui revient à la fleur légumineuse, est petite, en épi, lâche, longue de six ou sept millimètres et grosse de un à deux, feuilles très découpées, d'un beau vert tendre, tige étalée sur la terre, creuse, vient dans les champs de guéret.

VERTUS

Toute la plante a un goût très amer, elle est purgative, apéritive, excellente dans les anciennes obstructions, dans les maladies de la peau, les plaies, les ulcères, les maladies chroniques froides, car elle est sudorifique et diurétique, elle purifie très bien la masse du sang, une poignée de ses feuilles, une de laitue, une de mercuriale (ramberge) infusées dans l'eau forment un excellent dépuratif du sang au printemps. Seule, feuilles sèches 15 grammes, fraîches 50 grammes ; elle peut être aussi employée en poudre à la dose de 5 grammes, elle convient très bien dans la jaunisse et les engorgements du foie, la gravelle, etc., quelques personnes en boivent une infusion en mangeant au soir pour se tenir le ventre libre, les feuilles entrent dans le sirop de chicorée composé, le suc dans l'électuaire de psillium, etc.

Galéga vulgaire.

Fleur légumineuse dont le pistil se change en une gousse ou silique longue, cylindrique, remplie de semences de figure de reins, fleurs bleues, rougeâtres ou absolument blanches, feuilles de la vesce garnies chacune d'une petite épine molasse.

Les anciens en faisaient un grand cas comme d'un sudorifique alexitère dans les temps de peste, de contagion, pour la morsure de serpents, pour les vers, on donne le suc ou la décoction.

Gentiane. *Gentiana major lutea.* A fleur jaune.

Gentiane croisette, petite gentiane. (Racine, 5 grammes.)

Fleur monopétale évasée et découpée en plusieurs parties souvent en quatre, le pistil se change en un fruit membraneux ovale, pointu, qui s'ouvre en deux et n'est composé que d'une capsule remplie de semences plates orbiculaires.

VERTUS

Avant le quinquina la gentiane était le grand fébrifuge, c'est un incisif, stomachique, diurétique, sudorifique, alexitère, vermifuge; emménagogue très recommandé dans toutes les maladies pituiteuses par l'inertie des fibres et de la bile, elle résiste au venin; on fait infuser la racine dans du vin blanc. (Racine 30 grammes, eau-de-vie quantité suffisante pour couvrir la racine, vin rouge un litre, laisser infuser 48 heures avec l'eau-de-vie, et 15 jours avec le vin, en donner un petit verre à liqueur le matin, le soir, pour les maladies chroniques du sexe, les pâles couleurs, l'anémie et les affections de l'estomac où l'appétit manque; à l'extérieur, c'est un fort bon détersif antiseptique, pour les plaies et ulcères, sa racine qui est spongieuse sert à dilater les fistules.

Pavot cornu. *Glaucum flore luteo papaver corniculum.*

Fleur en rose, jaune, rouge ou violette, silique, longue comme une corne partagée en deux par une petite membrane à laquelle sont attachées les semences rondes. Il y en a de quelques espèces dont la silique s'ouvre en quatre.

VERTUS

Le principal usage est pour l'extérieur à titre de résolutif, détersif dans les plaies et ulcères ; on peut faire entrer les feuilles ou le suc dans les onguents, emplâtres.

Patience grande, des jardins. Chou de Paris. *Lapathum folio oblongo.*

Patience Rhubarbe des moines. Raponticde montagne. *Lapathum hortense.*

Patience d'eau. *Hydrolapthum aquaticum.*

Patience parèle, petite patience. *Lapathum minimum.*

Patience rouge, sang dragon. *Lapathum sanguinis.*

VERTUS

Les racines de patiences sont un diminutif de la rhubarbe, c'est-à-dire qu'elles sont purgatives, astringentes, stomachiques, ces vertus sont plus grandes dans les patiences et les purgatives moindres. La rhubarbe des moines est quelquefois préférée à la vraie rhubarbe, lorsqu'il s'agit plus de resserrer que de purger. Ces racines en tisane sont très bonnes dans les diarrhées qu'on veut arrêter peu à peu, les obstructions du foie, la jaunisse, les affections de la peau, les dartres, on peut s'en servir pour se laver la bouche dans le scorbut, la tisane est très usitée pour appeler à la purgation, pour nettoyer et rétablir l'estomac, on peut se servir en général de toutes les espèces de patiences, car elles ne diffèrent entre elles que fort peu. Le sang dragon est employé comme astrigent, mêlé à un autre vulnéraire, pour guérir et nettoyer les plaies.

Rhubarbe. *Rhubarbarum.*

Rhubarbe de Moscovie. *Rhubarbarum folio longiore hirsuto.*

VERTUS

La rhubarbe est un très bon purgatif stomachique astringent qui fortifie les fibres en purgeant doucement, elle est bonne contre les vers et convient dans les diarrhées, les dérangements d'estomac, en tisane. On prend 30 à 40 centigrammes de rhubarbe en poudre à chaque repas pour fortifier la digestion et empêcher la constipation ; on peut ajouter 20 à 30 centigrammes de sous-carbonate de fer, dans l'anémie.

Nerprun, bourg épine. *Rhamnus catharticus.*

Fleur monopétale, partagée en quatre parties, le fruit est une baie molle, noire ; les semences dans cette baie sont plates du côté où elles se touchent et rondes de l'autre. La feuille ressemble à celle du prunier.

VERTUS

Les baies sont un purgatif hydragogue pour l'hydropisie, la goutte, le rhumatisme, la cachexie et toutes les maladies où les humeurs sont épaisses, les solides relâchés. On en fait un sirop, un extrait ; on peut prendre de 20 à 30 de ces baies, mais il faut manger en même temps, autrement elles causent des tranchées. La seconde écorce (10 grammes) des branches est aussi bonne pour purger les chiens dans la gourme ; on en fait le sirop de nerprun qui sert communément pour ces animaux.

Houblon mâle. *Humulus mas.* (Fleurs, 10 à 20 grammes.)

Houblon femelle. *Humulus femina.*

Fleurs à étamines stériles, les fruits naissent sur des pieds différents, d'une odeur forte, soutenus d'un pédicule dans l'aisselle des feuilles, tige sarmenteuse velue, rude au toucher, fruits écailleux.

VERTUS

Les fleurs sont amères, atténuantes dans les obstructions du foie, de la rate, des hypocondres, stomachiques, antiscorbutiques. On les emploie dans le rachitisme, le lymphatisme, les scrofules, l'anémie pour purifier le sang; elles sont diurétiques dans les affections de la peau; on met une poignée de houblon dans un litre d'eau bouillante, on laisse infuser une heure ou deux en vase clos; une à trois tasses par jour. On en fait une boisson amère très saine; ses feuilles pilées ou en cataplasmes sont résolutives pour les tumeurs, discussives et fortifiantes dans les contusions.

Guesde, pas de loup. *Isatis, glastrum satioum.*

Fleur en croix, attachée au haut des rameaux par des pédicules menus ; le fruit est coupé en languettes, aplati sur les bords à une seule capsule qui renferme une semence oblongue, d'un goût amer, astringent.

VERTUS

Vertus de la fumeterre ; on s'en sert peu à l'intérieur ; c'est un très bon vulnéraire astringent, pilé ou en cataplasmes sur les plaies.

Ormin. *Horminum comâ purpureo violacea.* Espèce de sauge.

Orvale, toute bonne, vivace, velue, qui vient d'une hauteur de trente centimètres, feuilles cordiformes, rugueuses. *Sclarea.*

Sauge des prés, orvale des prés. *Sclarea foliis scratis flore ceruleo.*

Fleurs bleues, monopétales, labiées, dont la lèvre supérieure est en faux dans l'orvale et en casque dans l'ormin, l'inférieure divisée en trois parties, celle du milieu creusée en cuillère ; semences au nombre de quatre dans le calice.

VERTUS

Apéritive, antihystérique, emménagogue. On s'en sert peu à l'intérieur ; en cataplasmes ou en onguent. c'est un très bon résolutif pour les humeurs froides, les chutes, contusions. Le suc d'ormin entre dans le diabotanum, il est très résolutif.

Pâle-fleur. *Fiajouc coronaria dioscorivis saliva flore luteo rubente.*

Lychnis, coquelourde.

Fiajouo mâlo. *Lychnis sylvestris alba simplex ocimoïdes alba.*

Fiajouo sauvago, bleu blanc, compagnon blanc. *Lychnis que bene album vulgo dictum.*

Fiajouo femello. Silène.
Tous ces fiajoucs portent le nom de silène et diffèrent de couleur selon la culture, plantes plus ou moins cotonneuses.

VERTUS

Elles sont incisives, apéritives, diurétiques, sudorifiques et propres à purifier le sang dans les affections de la peau, les piqûres d'animaux venimeux. Les anciens les regardaient comme bons alexitères ; le suc de la décoction convient dans les affections hypocondriaques; le scorbut, pour faire cracher dans l'asthme; le suc aspiré par le nez est sternutatoire; la semence de la sauvage est purgative.

Laurier rose. *Nerion flore alba aut rubra.*

VERTUS

Les feuilles écrasées et appliquées en cataplasmes sont résolutives et propres contre les morsures de bêtes venimeuses. Intérieurement c'est un poison dangereux dont les contrepoisons sont les huileux, les adoucissants et l'esprit de sel ammoniac (alcali volatil).

Pivoine. *Paonia folio nigricanto paonia mas.*

Pivoine femelle. *Paonia femina communis.*

La pivoine mâle surtout est regardée comme un bon céphalique antispasmodique pour l'épilepsie, elle est emménagogue et diaphorétique. On fait une conserve, une eau, un sirop des fleurs de la pivoine femelle, on peut s'en servir en poudre, de la mâle.

Petasites, herbe au teigneux. *Petasites major vulgaris.*

Fleurs à fleurons renfermés dans un calice cylindrique et découpé, semences garnies d'aigrettes ; racines souterraines traçantes, hampe garnie d'écailles portant une longue grappe de capitules (calice) genre des tussilages, famille des composées.

VERTUS

Les petasites sont de bons atténuants alexitères ; c'est un des meilleurs sudorifiques et diaphorétiques qui chassent du sang toutes parties étrangères ou corrompues. On peut en prendre le sirop, la poudre ou la tisane ; elle est, de plus, fort bonne pour les rhumes, les catarrhes pour faire cracher. Extérieurement, la racine ou les feuilles sont résolutives et vulnéraires. Elles sont un des ingrédients du diabotanum.

Orchis mâle, satyrion. *Orchismorio mas, foliis maculatis.*

Orchis femelle. *Orchismorio.* **Satyrion.**
Fleur polipétale composée de six pétales dissemblables, dont les cinq supérieurs forment une espèce de casque, l'inférieur a différentes formes et finit par un éperon ou queue; le fruit est une espèce de petite vessie percée de trois trous qui ont chacun leur petite soupape, et est rempli de semences très menues semblables à de la sciure de bois; les racines ont des tubercules ronds, charnus, gros comme des muscades.

VERTUS

La racine en poudre ou en conserve a toujours été regardée comme un bon aphrodisiaque.

Muschari. Oignon musqué.
Fleur liliacée, monopétale, en forme de grelot et divisée en six parties: le pistil se change en un fruit triangulaire, divisé en trois loges remplies de semences rondes.

VERTUS

La racine passe pour être vomitive; on s'en sert peu, mais à l'extérieur pilée et appliquée en cataplasmes, elle est très propre pour résoudre et atténuer les humeu .

Meum des Alpes. *Phellandrium Alpinum umbellatar purpurascente.*

Fleur en rose, disposée en ombelle; le fruit est composé de deux graines, petites, ovales, arrondies sur le dos et rayées, plates du côté où elles se touchent,

VERTUS

Les racines sont fort apéritives, diurétiques, sudorifiques, alexitères, carminatives et emménagogues, en poudre ou en décoction; il y en a une autre espèce qui a le goût et l'odeur de la berle mais dont l'usage n'est point sûr.

Thuya theophrasti. *Arbor vita.*

Au lieu de chatons ou de fleurs, il porte des boutons écailleux, jaunâtres qui deviennent des fruits oblongs, composés d'écailles entre lesquelles on trouve des semences oblongues et comme bordées d'une aile membraneuse ; feuilles formées de petites écailles, posées les unes sur les autres, d'une odeur de résine et amères.

VERTUS

Les feuilles sont céphaliques et sudorifiques, carminatives en poudre ou en décoction, de même que le bois qui est aussi fort bon pour les maladies des yeux et des oreilles et passe pour alexitère.

Séné d'Italie. *Senna Italica foliis obtusis.*
Fleur en rose dont le pistil se change en une gousse membraneuse, courbe, aplatie ; ces gousses s'appellent follicules de séné.

VERTUS

Le meilleur séné est celui du Levant, qu'on appelle séné de la Palthe, celui de Moscou, de Tripoli, est moins bon et il doit être mondé de toutes ses feuilles mortes ou blanchâtres.

Il est sujet à donner des tranchées, on se sert plus communément des follicules, c'est un des purgatifs les plus usités pour les compositions purgatives. Séné, 12 grammes ; sulfate de soude,

30 grammes; eau, 1 litre; faire infuser le séné et lorsqu'il est tiède y ajouter le sulfate. Autre thé purgatif dit de santé: séné, 10 grammes; seconde écorce de sureau. 5 grammes; fenouil, 4 feuilles; anis, 2 grammes; crème de tartre, ou sulfate de soude, 4 grammes; une cuillerée à café de ce mélange par tasse d'eau froide, sucrer un peu, le matin à jeun, est très salutaire pour tenir le ventre libre.

Baguenaudier. Faux séné. *Colutea vesicaria.*

Séné bâtard, sauvage. *Emerus cœsalp.*
Fleur légumineuse, capsule membraneuse enflée comme une vessie et remplie de semences en forme de reins.

VERTUS

Ils sont tous deux purgatifs, mais on préfère se servir du séné du Levant.

Cimbalaire. *Linaria hederaceo folio.* Linaire.

Velvote. *Segetum numularia folio villoso.*

Velvote vulgaire. *Flore luteo majore.* Linaire commune.

Lin sauvage.

Fleur monopétale, anomale, fermée par un mufle à deux mâchoires et finissant en queue, semblable à la pointe d'un capuchon; le pistil se change en une coque ovale divisée en deux loges remplies de semences, aplatie et bordée d'une aile fort déliée, ou quelquefois presque ronde.

VERTUS

C'est un très bon diurétique dans l'hydropisie, la jaunisse, les difficultés d'uriner, en tisane et extérieurement appliqué sur la vessie ou sur les hémorroïdes, les adoucit. Ce sont de fort bons vulnéraires astringents pour les plaies, l'eau est fort bonne pour l'inflammation des yeux, une poignée par litre.

Valériane *hortensis*. Valériane des jardins, fleur bleue ou blanche.

Valériane. *Valeriana sylvestris major.* V. sauvage.

Valériane de marais. *Valeriana palustris minor.* V. aquatique.

Fleurs rose clair, en corymbe, presque paniculées, monopétales, en entonnoir, taillées en plusieurs parties, semences oblongues, plates, garnies d'aigrettes; racine d'odeur agréable.

VERTUS

La petite est regardée comme un grand remède pour l'épilepsie. On l'emploie dans toutes les préparations antispasmodiques, la poudre de la racine est antiscorbutique, elle entre dans le diabotanum, l'onguent martiatum.

La grande est regardée comme un grand stomachique, cordial, vermifuge, emménagogue, expectorante. Elle entre dans la thériaque, l'orviétan, le mitridat et les trochisques hedicroix; on la donne en poudre, en tisane ou infusée dans du vin; il paraît que la petite valériane n'agit que comme sudorifique, on l'emploie à la dose de 10 à 12 grammes par litre.

Garance petite. *Rubeola*. Prend-main.
Fleur monopétale, en entonnoir, découpée en quatre; fruit qui est composé de deux semences accouplées, ne diffère du gallium que par les fleurs en entonnoir.

VERTUS

C'est un très bon résolutif, soit à l'intérieur ou autrement, en tisane et en cataplasmes pour l'angine et l'esquinancie.

Laser de Marseille. *Laserpillium gallicum.*

Fleur en rose, disposée en ombelle, fruit composé de deux grandes semences larges, membraneuses, convexes d'un côté, plates de l'autre.

VERTUS

Les racines et les semences sont de très bons carminatifs expectorants, dans les toux invétérées, diurétiques, emménagogues, antihystériques, en poudre ou en infusion.

Laserpillium. *Libanotis.* Tapsie ou faux turbith.

Mêmes vertus.

Morelle. *Solanum officinarum et bacifera nigricanta.*

Fleur de la pomme de terre, baies noires, molles, remplies de semences mêlées à un suc visqueux; dans les guérets et les friches.

7

VERTUS

Cette plante est un poison à l'intérieur et ne s'emploie que dans les remèdes externes comme calmant, peut s'employer en lotions et injections pour calmer les excitations, démangeaisons des parties sexuelles des femmes ; une poignée par litre.

Cette plante, frottée sur le poil des animaux, ou mise le suc sur leurs plaies, empêche les mouches de les tourmenter.

Douce-amère. *Solanum, scandens feu dulca-amara.* Vigne de Judée, dragon des haies.

Cette plante est sarmenteuse, d'un bois grisâtre dont la fleur ressemble à celle de la pomme de terre ; ses baies sont rouges, oblongues, pendantes, feuilles semblables à celles du lilas, mais souvent accompagnées de deux autres petites de chaque côté.

VERTUS

Quoique les solanées soient des poisons, on emploie cependant la douce-amère en tisane, mais le bois seulement, pour dépurer le sang, dans les maladies de la peau, la syphilis ; à l'extérieur en cataplasmes ou en fomentations ; elles sont résolutives et anodines, un peu astringentes. On s'en sert beaucoup dans les érysipèles, les démangeaisons, les maladies de la peau, les inflammations, les cancers, dans les chutes, pour résoudre le sang caillé, dans les hernies étranglées pour en calmer les douleurs; on fait une huile par infusion des baies et des feuilles qui ont ces propriétés, une eau distillée pour étuver les parties souffrantes ; elles entrent dans le baume tranquille, l'onguent populeum, le suc et les baies dans l'onguent ponpholis. La dose d'un litre de tisane de douce-amère est de cinq bâtons de tiges de la grosseur du petit doigt d'un enfant et d'une longueur de dix centimètres chaque.

Belladone. *Belladona vel minor et folio. Solanum maniacum multis.*

Belladone. Mendragore mâle, fruit rond.

Belladone. Mendragore femelle, fleur bleue, pourpre.

Fleur monopétale en cloche, découpée, fruit

mou, presque rond, succulent, qui renferme plusieurs semences, dans la belladone ce fruit est divisé en deux loges.

VERTUS

Mêmes vertus que les précédentes, mais plus fortes, pour les cancers et apaiser les douleurs, on s'en sert dans la coqueluche, depuis vingt-cinq centigrammes, chez les tout jeunes enfants, mais ne l'employer que sur ordonnance du médecin, car les belladones sont de violents poisons, elles servent aussi dans l'incontinence d'urine, pour calmer la douleur qui se produit sur la vessie et atténuer la sensation qui s'y produit; elles entrent dans le baume tranquille, l'onguent populeum; on en tire l'atropine que l'on emploie pour dilater la pupille de l'œil, lorsqu'on veut l'examiner à l'ophtalmoscope ou bien contre les maladies de l'iris, et chez les vieillards atteints de cataracte.

Phytolaca *americana fructu major vel minor*, raisin d'Amérique, *racemosum indicum*.

Il y a deux espèces de phytolaca, un plus petit que l'autre. Cette plante, qui s'élève à une hau-

teur de deux mètres environ, a une très grosse
tige rouge et noueuse, une feuille large très
découpée, la fleur en épi produisant des grains
noirs comme ceux du raisin, c'est une espèce
de solanée; première espèce phytolaca.

Decandra. Deuxième espèce, *phytolaca del-
hambra.*

Christophe (herbe de Saint-). *Chistophoriana
vulgaris.*

Argemone du Mexique, pavot épineux, chardon béni des Américains.

Fleur en rose, fruit ou baie ronde, molle,
remplie de semences arrangées en rond, dans
l'herbe de Saint-Christophe et sur deux rangs
dans le phytolaca. Dans le chardon béni des
Américains, le fruit est une coque dont les
semences ressemblent beaucoup à celles du
pavot.

VERTUS

Le phytolaca est très peu employé, n'étant
point narcotique comme le solanum : l'argé-
mone peut l'être en infusion pour l'inflammation des yeux comme résolutif, anodin, de même

que pour les plaies, l'herbe de Saint-Christophe entre dans l'onguent contre la vermine.

Tomate. *Lycopersicum, galeni solanum pommiferum.* Pomme d'or. pomme d'amour.

Melongène, aubergine, viédaze. *Melongena, solanum fructu oblongo et viciacea.*

VERTUS

Des solanum, tant qu'à la tige, comme la morelle, la douce-amère. Pour calmer, résoudre dans les cancers, hémorroïdes, brûlures, infusée dans l'huile pour cette maladie. Les maladie des yeux, pour calmer. Les fruits de la tomate sont comestibles mais ils sont poisons avant leur maturité, ils sont contraires aux personnes qui craignent les acides, comme les graveleux, rhumatisants, goutteux et celles atteintes de la pierre. Tant qu'à l'aubergine elle n'a pas grande vertu, *elle se mange beaucoup* en Provence.

Balzamine ou Balsamine des jardins, femelle. *Balsamina impatiens, noli me tangere* (ne me touchez pas).

Balsamine sauvage, jaune. Tige genouillée, creuse, la racine de celle-ci à fleur de terre.

VERTUS

Elles sont vulnéraires, un peu astringentes, la deuxième passe pour être lithontriptique et apéritive, on peut la placer parmi les plus puissants diurétiques, par conséquent bonne dans l'hydropisie, la pierre, la gravelle et toutes les maladies des reins, etc.!

Pomme de merveille. *Momordica.*
Elle ressemble aux balsamines, fleur en cloche très évasée, semences rougeâtres, crénelées, enveloppées d'une coiffe.

VERTUS

Des solanum.

Rue des prés. *Talictrum majus siliquosa angulosa aut friata. Ruta herbararium.*
Fleur en rose, au milieu une touffe d'étamines qui environnent le pistil, fruit de plusieurs capsules, à plusieurs semences oblongues.

VERTUS

Elle est apéritive, diurétique, alexitère, vulnéraire, détersive, pour mondifier les ulcères, on s'en sert intérieurement et extérieurement.

Séneçon grand, Jacobée, fleur de Saint-Jacques. *Jacobea.*

Achillée de montagne, Jacobée. *Chrisantemum, alpinum foliis, ferulaceo flore minor.*

Fleur radiée, calice en tuyau, elle ressemble au mille-feuilles, semences garnies d'aigrettes.

VERTUS

Elles sont un peu incisives pour les rhumes, catarrhes, asthmes, et les autres affections de la gorge, en tisane ou en gargarisme, elles sont aussi de très bons vulnéraires, détersifs pour les plaies, on peut se servir des feuilles et des fleurs, l'infusion surtout de la deuxième espèce.

Hellébore blanc. *Veratrum helleborus flore subviridi.*

Hellébore rouge. Pyr (feu). *Veratrum flore rubente,* à fleurs rouges.

Hellebore noir, pied de griffon. *Veratrum niger hortensis flore viridi.* Rose de Noël.

Hellebore noir, à feuilles étroites. *Veratrum niger*, d'Hippocrate.

Fleur en rose, fruit composé de plusieurs capsules ramassées en épi serré qui s'ouvrent dans leur longueur, semences rondes ou ovales.

VERTUS

Les racines sont des purgatifs violents qui ne doivent être employés que dans les maladies où les humeurs sont épaisses, gluantes, trop adhérentes, comme dans la folie, la manie, les fièvres quartes opiniâtres; on en fait un extrait qui entre dans les pilules de Stal dans celles de Rudius, d'Hyerapicra, de Coloquinte, l'extrait panchimagogue; la racine pilée ou râpée est excellente pour détruire les cors, on en met plusieurs jours de suite sur ceux-ci, on les enveloppe d'un linge et on les voit bientôt disparaître surtout si on a le soin de les ramollir avec la gomme ammoniaque, mais ils finissent par disparaître sans cela, ils sont un peu plus longtemps.

Perce-neige. *Narcesso. Leucofum.* Fleur à six pétales disposés en cloche, fruit presque rond en trois loges remplies de semences presque rondes.

VERTUS

La racine qui est un peu bulbeuse, écrasée en cataplasme, est un bon résolutif, émollient et un peu fortifiant pour les tumeurs.

Narcisse. *Narcissus albus magnus odoro floris ceruleo palide.*

Fleur monopétale en lys, divisée en six parties.

VERTUS

La racine qui est bulbeuse et amère fait, en cataplasme, un fort bon résolutif, émollient, un peu narcotique, surtout si on y joint les fleurs.

Eupatoire. *Eupatorium canabinum.*

Aigremoine officinal. *Agrimonia eupatoria. L.*
Fleur en rose jaune, fruit oblong hérissé de pointes crochues à la partie supérieure, renfermant deux semences longuettes, la floraison

est disposée en épi, les feuilles ressemblent un peu à celles du chanvre ; elle vient le long des haies, dans les bois et de la hauteur de 60 centimètres à 1 mètre.

VERTUS

Plante admirable dans tous les cas où il s'agit d'atténuer et fortifier les digestions, comme dans les maladies du foie, la cachexie, les maladies des filles ; elle a quelque chose d'astringent et elle est spécifique pour l'incontinence d'urine, le pissement de sang ; la décoction d'aigremoine et d'aunée est propre pour les engelures ulcérées, on s'en lave soir et matin les parties attaquées. Elle est aussi détersive, apéritive, rafraîchissante et vulnéraire, bonne pour les plaies, les maux de gorge, elle entre dans l'eau vulnéraire, le mondicatif d'ache, le catholicon double, le sirop de chicorée, qui sont purgatifs, stomachiques et apéritifs.

Aigremoine odorante. *Agrimonia odorata.* Mêmes vertus.

Noyer. *Nux juglans.* (Feuilles, 20 grammes.)

VERTUS

Les feuilles en tisane sont fortifiantes et dépuratives ; pour cela on en prend une quinzaine de jours, car son action est lente ; les diabétiques se guérissent sûrement s'ils en prennent pendant longtemps tous les jours, car les digestions se font mieux, le sang se dépure et les chairs se raffermissent sous l'action de sa vertu astringente et tonique. Un petit verre à liqueur des fleurs ou chatons en décoction est astringent, sudorifique, alexitère ; on prend 60 grammes de chatons verts, on les met tremper dans l'eau-de-vie pendant 8 jours, puis ajoutez un litre de bon vin, sucrez bien et prenez trois petits verres par jour de ce vin, 2 heures après le repas, contre les toux invétérées, les courbatures, etc. ; à défaut de chatons, on peut prendre vingt à vingt-cinq feuilles, les mettre tremper de même ; l'action étant lente, continuer pendant quelque temps, c'est-à-dire jusqu'à disparition de la maladie, on peut encore mêler cette liqueur à une tisane de douce-amère ou de paréle pour les boutons de la peau.

Deux ou trois grosses jointées en décoction pour le bain, est un excellent remède pour les maladies nerveuses, les scrofules ; le goitre a quelquefois disparu par ce simple remède en humectant en même temps un linge appliqué sur la partie malade et l'y laisser sécher, une fois par jour.

Ooque. *Cassida peregrinum sive scutilaria,* espèce d'orvale.

Ooque. *Cassida palustris vulgatiore flore ceruleo, tertianaria foliis, lysimiachia galericulata.*

Fleur monopétale labiée, dont la lèvre supérieure représente un casque accompagné de deux petites oreillettes, l'inférieure est échancrée, semences au nombre de 4 dans le calice.

Saponaire. *Cariofilius,* herbe à savon, savonnière des fossés.

Fleur découpée en quatre parties et assez semblable à l'œillet, feuilles oblongues sortant des nœuds des tiges, lesquelles sortent de l'aisselle des feuilles.

VERTUS

Elle est apéritive et purifie le sang par les

urines, elle lève les obstructions et engorgements, c'est pourquoi on l'emploie contre la jaunisse, les maladies du foie, de la rate, la cachexie, à la dose de 40 grammes en infusion.

Plantes étrangères et extraits de plantes

Aspalat. Bois de rose.
Bois pesant, compact, fort huileux, amer, odorant, vient des Indes.

VERTUS

Astringent, diaphorétique; on peut lui substituer le bois d'aloès ou les santaux, étant très rare.

Bois d'aloès. *Lignum aloe.*
Bois résineux, amer, odorant, de la Chine.

VERTUS

Stomachique, incisif des pituites, céphalique, emménagogue; on en tire une résine, une eau distillée.

Bois néphrétique.
Bois jaune, un peu amer, qui vient de la Nouvelle-Espagne.

VERTUS

Apéritif, diurétique dans la colique néphrétique, d'où lui vient son nom.

Vomiquier. Bois couleuvré ou arbre à la noix vomique.

Les fruits de cet arbre, qui sont ronds et aplatis, très durs lorsqu'ils sont secs, sont des poisons violents, agissent sur le système nerveux et musculaire; étant mêlés râpés avec des noix, on s'en sert pour prendre des pies, corbeaux, etc., et si l'on veut pour les sauver leur faire prendre du lait qui en est le contrepoison on peut les sauver.

Faire attention que les chiens ou autres animaux n'en prennent point, une demi-pincée suffit pour tuer un chien. Le bois est sudorifique, vermifuge, fébrifuge, en poudre, et peut être employé contre les fièvres malignes.

Roseau amer. *Calamus verus.*

VERTUS

Il est cordial, diaphorétique, stomachique, emménagogue; comme il est rare, on lui substitue le calamus aromaticus.

Quinquina. *Cortex peruviana, cinchona.*
Ecorce mince, très amère, de trois sortes : le
gris, le jaune et le rouge.

VERTUS

Sa qualité amère n'est plus à recommander
pour les fièvres et la guérison des plaies, surtout celles gangréneuses qu'il guérit promptement en amenant la suppuration et en
séparant le mort du vif ; il est aussi très
efficace en lavement contre les fièvres, surtout si l'on y joint un narcotique pour le faire
retenir plus longtemps, ce qui est à considérer
lorsque l'estomac est délicat, car il est un peu
échauffant, beaucoup tonique, antiseptique,
altérant des humeurs, astringent: son principal
usage est pour les maladies périodiques, donner du sang dans l'anémie, mais l'estomac ne
s'en trouve pas toujours bien de son échauffe-
ment.

Du quinquina (écorce), on en tire un extrait
mou, ainsi que la quinine (sulfate de quinine),
principe actif de ce quinquina, qui sert à
détruire les ferments organisés, comme ceux
des fièvres quelles qu'elles soient, à la dose
depuis vingt centigrammes jusqu'à un gramme

et demi, dans nos climats, mais dans les pays chauds on augmente de beaucoup cette dose, allant jusqu'à 4 grammes par jour ; on la prend en cachet ou en pilule ou dans un pruneau. On en fait un vin très bon pour l'anémie, la chlorose, en mettant trente grammes d'écorce de quinquina à infuser dans une quantité d'eau-de-vie suffisante pour le faire tremper ; au bout de trois ou quatre jours on ajoute un litre de bon vin blanc, vieux, on sucre bien et on laisse huit jours, après quoi on tire et on filtre ; un petit verre le matin à jeun ; on peut le prendre aussi en substance, infusé dans une chopine de vin, quinze grammes, pour couper la fièvre. Enfin, l'usage du quinquina détruit les ferments organisés, les microbes qui les entretiennent.

Carcarille. *Carcarillà*, ou quinquina aromatique.

C'est une écorce qui vient du Pérou, ressemblant à celle du quinquina, d'une odeur suave lorsqu'on la brûle.

VERTUS

C'est un diminutif du quinquina, il est plus

astringent et moins échauffant et irritant ; on peut s'en servir au lieu de quinquina pour les poitrines et entrailles délicates, mêlé en poudre au tabac à fumer, lui donne un bon parfum.

Cassemunier.

Racine brune, jaunâtre en dedans, d'une odeur et d'un goût aromatique, elle vient des Indes.

VERTUS

C'est un correctif du quinquina, bonne pour l'épilepsie et l'hystérie.

Costus arabique.

Racine grosse comme le pouce, qui vient de l'Arabie heureuse.

VERTUS

C'est un bon stomachique, diurétique, emménagogue.

Ourouma. *Terra merita, officinal.* Safran des Indes.

VERTUS

Cette racine est un bon apéritif en poudre ou en décoction dans la jaunisse, les embarras du foie, les affections des femmes, la néphrétique, elle est diurétique et emménagogue.

Hipécacuanha.

Petite racine d'Amérique dont il y en a une blanche, une grise, une grise-cendrée et une brune qui est la plus forte et la plus estimée, elle est âcre et amère et vient du Brésil ; le gris étant moins fort, on s'en sert quelquefois en décoction ; le blanc n'est employé que pour les femmes enceintes et les enfants, dans la dysenterie, car on l'appelle aussi racine antidysentérique.

VERTUS

C'est un bon fondant des glaires et c'est par là qu'il guérit la dysenterie, il est émétique à haute dose et purgatif plus doux que le tartre stibié, mais moins sûr ; on peut le donner à petites doses pour fondre les glaires sans faire vomir et il réussit très bien et souvent de cette façon. Dose pour un adulte pour purger et faire vomir, cinquante centigrammes à 1 gramme, diminuer de moitié lorsqu'on veut purger seulement.

Simarouba, écorce d'arbre.

VERTUS

Il est stomachique, adoucissant, astringent, qui convient très bien pour la dysenterie, car il supprime le sang et est suivi de constipation, ce qui le rend précieux dans les épidémies de dysenterie contagieuses au commencement, mais il faut se méfier de ne pas l'arrêter trop vite.

Cachou. *Terra japonica sive catechu.*
Espèce de pâte sèche, un peu gommeuse, rougeâtre, d'un goût amer et styptique (deux espèces).

VERTUS

C'est un stomachique, atténuant des pituites, du tube intestinal, de là son effet, dans les catarrhes, l'enrouement et le cours de ventre; il a une faculté astringente qui fortifie les fibres.

Dans la diarrhée et la dysenterie, on peut donner : eau de fleur d'oranger, 100 grammes ; sirop de morphine, 25 grammes ; teinture de cachou, 15 grammes ; une cuillerée à bouche toutes les heures ou toutes les deux heures contre la diarrhée légère, de cinq à huit par jour.

Myrrhe. *Myrrha.*
Substance résineuse qui vient d'Egypte, en larmes claires et dures.

VERTUS

Elle est tonique, excitante, diurétique ; emménagogue et aristolochique, atténuante, stomachique, antihystérique ; elle entre dans le baume du commandeur, de Fioraventi, dans plusieurs onguents. emplâtres, comme vulnéraire, résolutif et opposé à la pourriture.

Mousse de Corse. Coraline.
Petite plante pierreuse, branchue, d'une odeur de poisson, d'un goût salé, verte, blanche, vient de la Méditerranée.

VERTUS

Cette plante est vermifuge, antihystérique, emménagogue, mais son plus grand usage est contre les vers, 10 grammes par tasse, on en fait aussi un sirop.

Semen-contra. Barbotine, graines aux vers .

VERTUS

Cette semence verdâtre, oblongue, d'une odeur désagréable, d'un goût amer, vient du royaume de Boutan, on la trouve communément chez les pharmaciens sous forme de très petites dragées, qu'on donne aux enfants à avaler, elle entre dans la poudre aux vers et dans l'opiat de Salomon.

Cousso.

C'est la fleur d'un arbre qui croît en Abyssinie.

VERTUS

On prend le matin à jeun 20 grammes de poudre de cousso, délayée dans un verre d'eau sucrée ou de lait sucré, contre le ver solitaire, c'est un bon remède, très efficace.

Semen-contra.

C'est un vermifuge qui produit la santonine que l'on fait prendre aux enfants à la dose de 2 à 5 centigrammes pour les enfants et de 10 à 15 pour les adultes.

Pambotano. *Galiandra Houstoni.*
Plante d'Amérique.

VERTUS

Cette plante dont on fait un élixir, tel l'élixir de Midy, pris en quatre fois de deux heures en deux heures, avant, pendant et après le repas, fait disparaître toutes les fièvres malignes, intermittentes ou autres. il est très rare de recommencer après une première prise de quatre fois.

4ᴮ CLASSE

Des plantes d'une saveur âcre, brûlante, desquelles
on tire les incisifs, antiscorbut ques, résolutifs, stomachiques et diurétiques. Extérieurement les errhins, détersifs
sternutatoires et rongeants.

Ail ordinaire. *Allium sativum.*

Rocambole, ail-poireau d'Espagne.

Ail serpentin, ail d'aspic, de montagne.

VERTUS

Les graines, les gousses d'ail ordinaire, le
seul dont on fasse usage, sont très incisives des
glaires, des voies alimentaires et urinaires, du
sang, en même temps qu'il est très échauffant,
c'est un excitant de l'estomac, carminatif, antiscorbutique, diurétique, il excite l'appétit et aide
la digestion, chasse le mauvais air. C'est un
spécifique pour guérir les tranchées des intestins, et dissiper les vents, mais on doit en faire

un usage très modéré, car il enflamme l'estomac, les viscères, par son suc âcre et brûlant, ce qui fait qu'il s'oppose aux effets des mets par trop rafraîchissants, tels que les choux, concombres, melons, etc.; il entre dans le vinaigre des quatre voleurs, vinaigre préservatif des temps d'épidémies, en prendre un petit verre le matin à jeun dans un demi-verre d'eau. C'est un fort bon rongeant des chairs baveuses, des plaies et ulcères, il dissipe les cors, appliqué dessus, en le pilant avec du sel.

Alliaire. Herbe aux aulx. *Alliaria.*

Cette plante vient presque partout, dans les buissons, sur le bord des fossés, sa racine est blanche, ligneuse. ses tiges hautes de trente à quatre-vingts centimètres, velues, cannelées et arrondies; ses feuilles sont verdâtres, lisses, en forme de cœur et crénelées tout au tour; ses fleurs nombreuses au haut des tiges et des rameaux, composées de quatre pétales blancs en croix, fruits siliqueux, remplis de plusieurs graines oblongues et noires; toute la plante pilée a une odeur d'ail, elle rougit le papier bleu.

.Julienne ou juliane, simple ou double, blanche ou purpurine, sont indifférentes pour les vertus.

VERTUS

Ces plantes sont incisives, propres en décoction pour l'asthme, les toux anciennes, grasses, et contre la colique venteuse, l'alliaire, en cataplasmes est aussi en usage contre la gangrène, elles sont aussi antiscorbutiques et sudorifiques.

Agnus castus. *Vitex augustioribus*. Les feuilles naissent opposées, oblongues, palmées, comme celles du chanvre ; la fleur est comme labiée ; fruit rond à quatre loges, ressemblant à des grains de poivre ; elle vient dans le midi de la France.

VERTUS

La plante tout entière, ainsi que les fleurs, sont atténuantes, diurétiques, emménagogues, antihystériques et carminatives. On avait attribué autrefois à cette plante la vertu de calmer les feux de l'amour, d'où lui vient son nom d'*agnus castus*.

Anémone. *Sylvestris alba minor vel major.*
Fleur en rose, semences ordinairement couvertes d'une coiffe lanugineuse.

VERTUS

Cette plante ne sert qu'extérieurement pour déterger, en collyre, les ulcères des yeux; sa racine mâchée attire la salive et maintient les dents saines.

Coquelourde. *Pulsatilla.*
Feuilles grandes et grasses, fleur en rose dont le pistil se change en un fruit en manière de tête arrondie, chevelue, composé de plusieurs gaines qui ne renferment qu'une semence et finit en queue barbue comme une plume.

VERTUS

Elle est détersive, pour la gale, en fomentation où les feuilles en cataplasme.

Renoncule. *Ranunculus.*

Renoncule des prés. Bouton d'or.

Renoncule des marais à feuilles lisses.

Renoncule des prés, bulbeuse. Basinet, grenouillette.

Renoncule rouge, Adonide, goutte de sang, petite scrofulaire, petite chélidoine. Herbe aux hémorroïdes.

Sagittaire, renoncule d'eau, feuilles en flèche.

Les renoncules sont très connues par leurs fleurs en rose, d'un beau jaune doré luisant et les feuilles sont à peu près les mêmes, plus ou moins marbrées, sauf l'adonide qui est par sa fleur, d'un rouge sang, et ses feuilles qui ressemblent à celles du fenouil ; elle vient dans les champs, les blés ; et les autres un peu partout, les semences forment une tête ronde comme un pois pour la grosseur.

VERTUS

Toutes les renoncules ne doivent être employées qu'extérieurement, à cause de leur âcreté plus ou moins brûlante qui les rendent quelquefois cautérisantes ; elles sont bonnes en fomentation, en onguent ou emplâtre pour résoudre les écrouelles, les tumeurs pituiteuses, mais cuites.

Les dartres n'y résistent pas, en pilant la renoncule des prés et en l'appliquant crue, en emplâtre sur le mal, on la met au soir, puis on l'ôte
le lendemain matin, si on peut l'endurer jusque-
là, car elle est bien irritante, toutefois si la partie où est la dartre était trop sensible, on ne la
laisserait qu'une heure ou deux, quitte à recommencer s'il le fallait, puis s'il survenait une
forte inflammation, on pourrait l'apaiser par un
cataplasme émollient ou tout simplement en
l'huilant. La grenouillette entre dans le diabotanum qui convient dans les tumeurs pituiteuses et les écrouelles; on s'en sert pour enle-
ver les poils follets, pour consumer les chairs
baveuses, les excroissances et ulcères, dans la
gale. La petite chelidoine est merveilleuse pour
les hémorroïdes, appliquée dessus, ainsi que
les vieilles sciatiques, la sagittaire passe pour
être répercussive, astringente, particulièrement
pour faire passer le lait, étant mise sur le
sein.

Fusain. Bonet de prêtre. *Tetragonia evoninus.*
Vulgaire.
Feurs en rose, fruit membraneux, relevé de

quatre à cinq côtes, ordinairement rouges, lesquelles renferment une semence oblongue.

VERTUS

On peut s'en servir extérieurement pour les poux, les lentes, la grattelle, et il calme les battements du cœur.

Mufle de veau. *Antirrhinum.* Cynocéphale vulgaire.

Fleur monopétale, anomale, divisée en deux lèvres, la supérieure en deux et l'inférieure en trois, ce qui représente un mufle de veau, d'où lui vient son nom.

VERTUS

Elle sert peu en médecine, elle peut adoucir la peau, employée en cosmétique.

Réveille-matin. *Titimale. Helioscopius, euphorbes.*

Esule. Titimale de marais, *Titimalus.*

Esule officinale. *Cyparysus minor.* Petit cyprès, herbe à lait.

Catapuce titimale, à large feuille. Epurge.

Titimale amigdaloïde.

Numulaire, titimale glabre, petite titimale. *Chamæsyce.*

Fleurs monopétales en cloche, découpées, accompagnées de deux petites feuilles qui semblent tenir lieu de calice ; le pistil est ordinairement à trois coins et se change en un fruit de même forme, divisé en trois loges remplies de semences oblongues.

Toutes les titimales donnent du lait.

VERTUS

Ce sont des poisons. Extérieurement, elles sont dépilatoires, pour les cors, elles sont de bons rongeants, cicatrisant pour les verrues et les dartres. Toutes sont de violents purgatifs qu'il ne faut pas employer sans en connaître la manière ; l'écorce entre dans la bénédicte laxative, les pilules fondantes, etc.

Arum. Gouet, pied de veau.

Serpentaire. *Dracunculus, polyfilus.*

Arisarum. *latifolium majus.*

Fleur monopétale qui a la forme d'une oreille d'âne dont le pistil est un nombre d'embryons qui deviennent une baie ronde, remplie d'une ou deux semences; les feuilles sont triangulaires en forme de flèche, dans l'arisarum, la fleur est en capuchon.

VERTUS

La racine d'arum est un très bon purgatif, incisif, dans les maladies chroniques avec épaississement des humeurs, elle est expectorante dans l'asthme, les toux pituiteuses anciennes, le scorbut, la cachexie, les pâles couleurs, les fièvres intermittentes rebelles, l'hydropisie ; on emploie la poudre, la conserve, la fécule. Extérieurement, les feuilles pilées et appliquées en onguent ou en fomentation font un fort bon détersif, résolutif, dans les tumeurs et vieux ulcères. La serpentaire a les mêmes vertus mais moindres, de même que l'arisarum dont on emploie la fleur pour les fistules des yeux, en collyre.

Lauréole. *Tymelea lauri folio semper virens feu laureola mas.*

Lauréole femelle. *Misereon. Chamœlea germanica.*

Bois gentil. *Miséreon* daphnoïdes.

Garou. *Thymelea foliis levi.*
Fleur monopétale, en tuyau évasé et découpée en quatre, le pistil se change en un fruit ovale, rempli de suc, dans le lauréole femelle, ou d'une semence dans le mâle.

VERTUS

On ne se sert pas des feuilles ou des fruits pour purger, ils sont trop violents, on prend quelques fibres de la racine pour entretenir la suppuration, étant posées sur la plaie, on fait un petit trou dans l'oreille et l'on y introduit de cette racine pour faire suppurer, soit pour les catarrhes, soit pour les fluxions sur les yeux ; les baies sont appelées *grana enidia feu coccii enidii;* les feuilles entrent dans l'onguent d'Arthanita qui est un très bon détersif, antiseptique.

Les graines pilées et mises dans un sac ont les vertus de la coque.

Camælée ou *Chamœlee tricocor.*

Fleur monopétale partagée en trois parties, le pistil se change en un fruit composé de trois osselets recouverts d'une peau mince remplie d'une semence oblongue.

VERTUS

Du lauréole.

Scille maritime rouge, *Ornitogalum maritimum seu scilla radice rubra*. Racine bulbeuse et tubéreuse par laquelle les ornitogalum diffèrent des phallangium ; les fleurs sont disposées en lys, le pistil se change en un fruit long, divisé en trois loges remplies de semences presque rondes, bulbe énorme.

VERTUS

On se sert indifféremment de la rouge ou de la blanche; elles sont très incisives, diurétiques dans l'hydropisie ; on l'applique de même sur la vessie pour faire uriner, on les fait infuser ou macérer dans le vin ou l'eau, de 1 à 6 décigrammes, elles sont antiseptiques ou expectorantes dans l'asthme, les catarrhes, les bronchites, de même que pour la pierre, la gravelle, étant regardées comme un puissant lithotriptique, et pour inciser les glaires qui augmentent les calculs de la vessie. Extérieurement, cuites sous les cendres, elles sont excellentes pour mûrir les abcès, et le suc mêlé à l'huile d'amande douce, est excellent pour la surdité et les bourdonnements, de même en liniment pour les brûlures ; on fait le vin, l'oximel scillitique qui sont très employés pour faire uriner ; elles sont aussi vermifuges et, à grande dose, purgatives ; pour faire uriner abondamment un cheval, on lui en donne en poudre de dix à vingt grammes ; pour un chien, vingt-cinq centigrammes, à cinquante centigrammes ; à défaut de poudre, on prend un quart en plus, des squames. On s'en sert aussi en poudre incorporée à la graisse ou à de la farine pour la destruction des rats ou bien on met 60 grammes de poudre avec 250 grammes d'omelette ou de fromage.

Oignon blanc ou rouge. *Cepa.*

Echalotes.

Oiboules.

Poireau.

VERTUS

Les mêmes que les scilles, mais moindres ; l'oignon cependant est un aliment sain lorsqu'il est cuit, ce qui a fait dire à un grand médecin : « Cela m'étonne comment l'homme peut vivre en mangeant de l'oignon cru, et je suis bien plus étonné qu'il meurt en mangeant de l'oignon cuit, car il est de sa nature pectoral et apéritif.» Coupé en ronds et infusé dans un verre de vin blanc est un remède éprouvé pour la colique néphrétique ; cuit sous la braise et mangé avec un peu d'huile et de sucre, il apaise aussi la toux et soulage les asthmatiques ; écrasé avec un peu de sel et appliqué sur une brûlure, il fait cesser la douleur et empêche qu'il ne s'y forme des cloches, au premier on peut faire suivre un second qu'on fera cuire sous la cendre et que l'on pétrira en forme d'onguent, on en enveloppe la partie brûlée avec un linge fin, car il ne faut pas de chaleur à ce mal ; le cœur d'un petit oignon, cuit sous la cendre et appliqué chaud sur une dent gâtée, apaise assez souvent la douleur. Dans la migraine, deux oignons hachés et imbibés de bonne eau-de-vie appliqués sur la tête, dissipent le mal ; pilé et mêlé avec du beurre frais, il apaise les douleurs d'hémorroïdes; son jus exprimé dont on imbibe un peu de coton et mis dans l'oreille, arrête les bruissements, il ôte aussi les taches du visage; mangé cuit il est très bon contre les douleurs des reins.

Cabaret. Nard sauvage, oreille d'homme. *Asarum.*

Cabaret du Canada.

Fleurs à étamines soutenues d'un calice divisé en trois parties qui se change en un fruit divisé en six pans et en six loges remplies de semences oblongues; cette plante n'a pas de tige.

VERTUS

En poudre ou macérée, c'est un violent purgatif, émétique (qui fait vomir), mais infusée dans l'eau chaude, elle n'est que purgative et si elle est bouillie longtemps elle n'est que diurétique et apéritive. Extérieurement, elle est résolutive et sternutatoire, les feuilles pilées et risées font rendre beaucoup d'humeur, et conviennent par là pour les maux de tête, par des pituites invétérées.

Cyclamen, pain de pourceau, ombilic de terre.

Fleur monopétale divisée en rond comme une roue, en cinq parties, et relevée en haut, dont le pistil se change en un fruit sphérique, membraneux, s'ouvrant en plusieurs parties qui renferment des semences oblongues, anguleuses.

VERTUS

De l'asarum, mais on s'en sert peu, si ce n'est dans la pêche, étant mêlée à quelque appât.

Ptarmica, herbe à éternuer, à fleurs blanches et feuilles longues. Eupatoire de Messué.

Fleurs radiées, calice écailleux, semences menues, à aigrettes.

VERTUS

Du cyclamen; mis dans le nez, il fait éternuer et mâché, il fait saliver et soulage les maux de tête et de dents. L'Eupatoire est stomachique, incisif, cordial, et convient infusé, dans l'asthme, les coliques venteuses et dans tous les cas où il faut inciser, résoudre, comme dans les maladies chroniques.

Colchique commun. *Colchicum.*

La fleur ne naît pas avec les feuilles, mais en septembre-octobre où l'on voit, dans les prés humides, une jolie fleur d'un beau rose tendre s'élevant à 10 ou 15 centimètres de terre, n'ayant pas de feuilles pour l'accompagner, tandis que les feuilles naissent au printemps et accompagnent une tige qui porte les semences, enfermées dans un fruit à trois loges ; feuilles du poireau, la racine est double, une charnue, l'autre fibreuse ; c'est une bulbe de la grosseur d'une noix.

VERTUS

Toute la plante est un violent poison, on ne s'en sert guère qu'extérieurement dans la goutte, le rhumatisme et les maux de gorge, comme étant résolutive. La teinture est un purgatif très énergique pour la goutte, le rhumatisme, mais ne l'employer que sur ordonnance de médecin.

Marronnier d'Inde. *Castanea Hypocasta-num.*

VERTUS

La poudre des marrons est sternutatoire dans les migraines et autres maux de tête.

Lierre en arbre.
Les baies infusées dans du vin font un très bon sudorifique en temps de peste : les feuilles appliquées sur les plaies entretiennent une douce fraîcheur ; en décoction, elles détergent les vieux ulcères, font mourir les poux et lentes, font noircir les cheveux, pilées avec du sel, elles rongent les cors. Dans les pays chauds on en tire une gomme rougeâtre, transparente, c'est un cosmétique, discussif, résolutif, en onguent ou emplâtre, il entre dans l'onguent althea, les pilules de Stal, de Bécher, de Fiora-venti.

Thlaspi. *Jonethlaspi flore luteo montanum.* Thlaspi des rochers.

Thlaspi vulgaire.

- **Thlaspi** à large silique. *Thlaspi aruense.*

Thlaspi à odeur d'ail. *Moris.*

Thlaspi, rose de Jéricho.

Thlaspi. *Folio hirsuto.* Petit thlaspi de Montpellier.

VERTUS

Ces plantes sont fort incisives, atténuantes,
diurétiques, emménagogues, et antiscorbutiques
dans les bouillons, aposèmes, tisanes, elles
entrent dans plusieurs antidotes, tels que la
thériaque, le mitridat. Extérieurement, on les
estime, pour la pierre. résoudre le sang caillé,
la viscosité de la lymphe, comme dans la goutte,
les maladies chroniques et en cataplasme pour
faire mûrir les abcès.

Cresson alénois. *Nassilor. Nasturtium hortense vulgaris.*

Nasturtium. *Sylvestris.* Ambroisie sauvage,
rampante, corne de cerf d'eau.

Caractère des thlaspis, et mêmes vertus; elle
est de plus diaphorétique pour atténuer et purifier le sang; en fomentation, elle guérit la grat-

telle, son nom de nassitor lui vient de ce que c'est un bon errhin.

Cochlearia. Herbe aux cueillères, à feuilles presque rondes.

Cochlearia. Raifort sauvage. *Raphanus rusticanus.*

Fleur en croix, fruit ou plutôt silique, divisé en deux loges remplies de semences comme dans le radis.

VERTUS

Ces plantes ont les mêmes vertus, incisives et diurétiques, antiscorbutiques, que les précédentes, on en fait grand usage pour le scorbut, pour atténuer, diviser et purifier le sang, le sirop de raifort est très employé pour purifier le sang, infusion, sans faire bouillir.

Passerage, grande.

Passerage, cresson sauvage, cardamine des prés.

Cresson des prés, fleur grande.

Drave. *Lepidium arvense, drava major.*

Fleurs en croix, fruit en fer de pique, divisé en deux loges, semences oblongues.

VERTUS

Des précédentes, et en fomentation pour la gale, les dartres et effacer les taches de la peau.

Lunaire, médaille de Judas, monnaie du pape.

Lunaire à silique longue.

Lunaire petite.

Fleurs en croix, silique plate, divisée en deux loges dont la cloison intérieure reste et est assez semblable à une pièce de monnaie, semences orbiculaires.

VERTUS

Des thlaspis, incisives, diurétiques, emménagogues ; on les estime bonnes pour l'épilepsie. La petite lunaire est au contraire astringente dans toutes les pertes rouges ou blanches, vulnéraire pour les plaies et ulcères, intérieurement et extérieurement, en décoction.

Choux blancs. *Brasica capitata.*

Choux rouges.

Choux verts ou choux à vache.

Choux marins d'Angleterre. *Crambe.*
Les choux sont laxatifs, incisifs du sang, par leurs parties salines qui sont fort volatiles; il ne faut pas les faire bouillir longtemps, sans quoi il ne reste que la partie terreuse qui est astringente.

Cresson d'eau. *Sisembrium aquaticum, nasturtium.*

Cresson à fleur jaune. *Sisembrium palustris.*

Raifort d'eau. *Sisembrium et siliquosa breviori.*

Roquette jaune à feuilles glabres, herbe de Sainte-Barbe.

Sisembrium. *Absinthii minor folio, sophia,* petite absinthe. Talictron des boutiques

VERTUS

Du cochlearia, la semence du talictron est astringente pour les pertes blanches ou rouges, le flux de ventre, les gonorrhées, en infusion ou en poudre.

Roquette cultivée. *Eruca latifolia alba.*

Roquette sauvage. *Eruca latifolia flore lutea.*

Roquette des champs. *Eruca segetum.*
Silique quadrangulaire pointue, caractère du cresson des prés.

VERTUS

Du cochlearia, mais elles passent pour sternutatoires.

Moutarde. Sénevé à feuilles pointues. *Sinapi.*

Moutarde sauvage à semences noires.
Caractère du cresson des prés, mais la silique est une espèce de corne remplie de semence et de moelle.

VERTUS

La moutarde est apéritive, stomachique, antiscorbutique et antihystérique, sa graine réduite en farine sert dans l'apoplexie pour ranimer les malades et attirer le sang et les humours aux parties inférieures comme dans la goutte remontée ; l'huile est très bonne pour les humeurs froides, la paralysie, on peut mâcher de la plante pour faire cracher abondamment, lorsqu'on craint la paralysie ou l'apoplexie ; elle est bonne aussi aux personnes sujettes aux vapeurs hystériques, dans les pâles couleurs, car elle est fort échauffante sur le moment ; on fait avec la farine de moutarde un condiment très excitant et digestif en délayant celle-ci avec du bouillon gras, un peu de sucre et de vinaigre pur ou aromatisé, en cataplasme ; lorsqu'on a fait fricasser du poireau tranché menu, avec du bon vinaigre, puis étendu sur un linge et saupoudré de ladite farine, une bonne pincée, appliquer ce cataplasme sur les reins, dans le lâron et le rhumatisme sciatique, est excellent.

Erysimum. Vellard, tortelle.

Erysimum à larges feuilles, grand vellard. Herbe au chantre.

Caractère des précédentes, silique exactement à quatre angles, semences très menues, oblongues, racine blanche, pointue, dure.

VERTUS

L'erysimum est excellent pour diviser les

crachats dans l'asthme et en faciliter la sortie, pour éclaircir la voix, on en fait un sirop simple ou composé et, du reste, il a les mêmes vertus du cochlearia.

Radis rond. *Rapa rotunda, radice candida.*
Radis oblong, rave, raifort.

VERTUS

L'usage des radis est excellent pour ceux qui ont la gravelle ou des maux de reins, mais il ne faut pas en donner à ceux qui ont la pierre, car ils charrient trop de graviers.

Navet. *Napus radice alba, lutea vel nigra,* blanc, jaune ou noir.

VERTUS

Le sirop de navet, surtout s'il est employé avec l'erysimum, est excellent pour la toux, la coqueluche, les catarrhes, le scorbut et toutes irritations de la poitrine. Le sirop de navet se fait en faisant bouillir ceux-ci très longtemps jusqu'à ce qu'ils puissent se réduire en bouillie, puis on exprime le jus, on le coule et on ajoute le sucre; l'eau où a bouilli le navet est excellente pour se laver les pieds et les mains attaqués d'engelures.

Raifort grand, orbiculaire, oblong, rond. *Raphanus.*

Fleur en croix, silique en corne spongieuse.

VERTUS

Du raifort sauvage, semences apéritives dans la jaunisse, mais elle excite des nausées.

Capucine vulgaire.

VERTUS

Du cochlearia ; on confit les fleurs lorsqu'elles sont en boutons, et les graines vertes, dans le vinaigre et là, elles excitent l'appétit.

Eupatoire femelle bâtarde. *Bidens folio tripartito divisis. Verbesina canabinum aquaticum.*

Fleur à fleurons découpés, semences terminées par quelques pointes disposées en trident.

VERTUS

Elle est employée comme sternutatoire, pour les morsures de serpent, en onguent ou en emplâtre pour résister au venin, déterger, mondifier les ulcères, etc.

Brionne, vigne blanche, couleuvrée, navet sauvage.

Fleur monopétale en cloche, évasée et découpée, stérile ou féconde, branchue et sarmenteuse ; la tige est accompagnée de vrilles comme la vigne, qui s'entortillent pour soutenir la plante, dans les haies, baies rouges ou noires.

VERTUS

La poudre de racine est un fort purgatif, incisif, emménagogue, diurétique dans l'hydropisie, l'asthme et toutes les maladies chroniques par obstruction et la grossièreté des humeurs ; on peut donner le suc dans les bouillons, la racine infusée dans le vin ou la poudre (2 grammes) de racine. On frotte avec la pulpe fraîchement râpée, les dartres, à plusieurs fois. Les feuilles appliquées sur la peau la font rougir et font un très bon effet dans la goutte, le rhumatisme, les douleurs. Enfin, la racine râpée et appliquée en cataplasme sur les douleurs de goutte les plus violentes les calme très vite.

Tabac à larges feuilles. *Nicotiana* à fleurs jaunes.

Tabac à feuilles étroites, à fleurs plus grandes, rouges.

VERTUS

Le tabac est un purgatif trop violent pour l'intérieur ; à l'extérieur, c'est un vulnéraire détersif, même rongeant pour les ulcères, discussif, résolutif pour les tumeurs ; on en fait une très bonne huile, en infusion, pour toutes sortes de maux, n'étant pas si actif avec l'huile que le suc pur ; en certains pays on l'appelle herbe à cent maux, car il guérit toutes sortes de plaies, mais il ne faut pas se servir de tabac de la régie qui contient trop de nitre étant préparé avec ce sel ; il entre dans l'eau vulnéraire, le mondicatif d'ache et le baume tranquille, la décoction.

Persicaire tachée. *Persicaria maculata et non maculata*.

Persicaire. Poivre d'eau. Courage. *Persicaria urens sive hydro piper*.

Fleur à étamines, calice découpé, semence plate, feuilles longues, lancéolées, fleur en épi, rose, rouge, qui vient dans les mares, sortes de renouées.

VERTUS

La première espèce a un goût fade, tirant sur

l'acide qui la rend rafraîchissante et astringente
à l'intérieur ou autrement; l'eau, le suc, les
sommités fleuries entrent dans le baume tranquille, le sel fixe, dans la pierre médicamen-
teuse. La deuxième espèce est très âcre et ne
peut s'employer que pour déterger les ulcères
de mauvaise qualité ou résoudre les tumeurs
œdémateuses, en cataplasme, onguent ou en
fomentation.

Ricin. *Ricinus.* Palme du Christ, *palma
Christi.*

Fruit noir contenant trois semences.

VERTUS

Un grain purge seul très violemment; on peut
en faire prendre plusieurs, on en tire une huile
qui purge (30 grammes) et quelquefois en frottant l'estomac et le bas-ventre, elle tue les vers
et apaise les vapeurs hystériques, déterge les
ulcères et guérit la grattelle.

Viorne. Clématite sauvage. Herbe aux gueux.

Fleur sans calice en rose et formant un bouquet ou houppe, grosse comme le poing, fruit
ramassé par plusieurs semences barbues; tiges
grisâtres, sarmenteuses.

VERTUS

La viorne est âcre et brûlante au goût et ne peut convenir qu'à l'extérieur en onguent ou en décoction, pour déterger et mondifier les ulcères fétides, en fomentation dans la grattelle et comme caustique dans la goutte et les douleurs de nerfs, en pilant les feuilles et en les appliquant sur le mal ; on peut faire de la glue avec l'écorce de la racine.

Chelidoine. Eclaire, herbe de l'hirondelle, herbe aux verrues, grande Chelidoine. *Chelidonium.*

Fleur en croix comme celle du chou, silique, longues feuilles, très découpées, et lorsque l'on casse une tige ou une feuille, il en sort un suc laiteux, jaune orange, celui de la racine est plus rouge.

VERTUS

La racine est un des meilleurs atténuants et apéritifs, elle lâche un peu le ventre et elle est stomachique, diurétique, alexitère et antihystérique. On l'emploie dans les bols, opiats, en décoction, dans les bouillons pour diviser, purifier le sang, dans les maladies cutanées ; elle est

estimée pour atténuer les humeurs des yeux et
éclaircir la vue, l'eau distillée entre dans le collyre fortifiant ; en fomentation elle fait un fort
bon vulnéraire détersif pour les plaies et ulcères.

Voici une composition excellente pour guérir
promptement une plaie, pourvu qu'elle ne sup-
pure pas : suc de chélidoine, 100 grammes ; eau-
de-vie, 25 grammes ; acide phénique, 1 gramme ;
en mettre trois ou quatre fois par jour, et la
plaie est guérie en très peu de temps.

Le suc jaune, fraîchement tiré en cassant des
feuilles ou des tiges est très bon pour les verrues, les dartres, les cors, en en mettant souvent sur ces maux, cinq ou six fois par jour.

Olguë, grande, noire. *Cicuta.*

Olguë, petite.

Ces deux plantes ressemblent assez au cerfeuil, principalement la petite, et le meilleur
moyen de le savoir c'est de les sentir, car leur
odeur est forte, mais désagréable.

VERTUS

Ce sont de violents poisons à l'intérieur, mais
sont de très bons résolutifs adoucissants, en
cataplasme sur les duretés, les loupes, les

skyres ; elles ont aussi quelque chose d'anodin qui rend leur usage plus sûr et moins sujet à inconvénients, telle qu'inflammation ; on en fait une huile par infusion, excellente pour résoudre, amollir et adoucir sans causer d'irritation dans les hémorroïdes ; les douleurs vives des parties nerveuses ; le suc entre dans l'huile de Mandragore et toute la plante dans le diabotanum, dans l'onguent, avec la vesse-de-loup (sorte de champignon) pour les cancers.

Pied d'alouette. Staphisaigre. *Delphinum.*

Pied d'alouette. *Delphinum.* Fleur blanche ou rouge.

VERTUS

Le staphisaigre sert en mâchicatoire dans le mal de dents où il fait cracher, d'où lui vient le nom de pituitaire ; on l'appelle encore herbe aux poux, qu'elle fait mourir ; en fomentation, on peut s'en servir en onguent, emplâtre, pour consumer les chairs baveuses des vieux ulcères. C'est un bon vulnéraire, astringent, l'eau est employée dans les collyres fortifiants pour la vue.

Piment. *Capsicum.* Poivre long. Corail.

La gousse est si âcre qu'on ne peut l'employer qu'en décoction pour déterger, mondifier les ulcères ; on les confit verts pour aider la digestion, se préserver du mauvais air, chasser les vents et inciser les humeurs gluantes, visqueuses, qui les produisent, mais il est aussi irritant pour les estomacs sensibles qui doivent s'en abstenir comme dans la gastrite, l'inflammation d'intestins.

Perce-feuille. Oreille de lièvre. *Buplevrum vulgare.*

Perce-feuille rigide.

Fleur en rose et disposée en ombelle, le calice se change en deux semences plates, convexes, et crénelées, feuilles simples, alternes, elles viennent dans les sols arides du midi de la France.

VERTUS

Elles sont de fort bons vulnéraires détersifs pour les plaies et ulcères, la première s'emploie aussi en mâchicatoire et la semence en poudre de la deuxième, pour les morsures d'animaux venimeux, car elle est diaphorétique.

Persil de marais. *Thisselinum palustris.*

Feuilles férulacées, fleur en ombelle, blanche; semence jaune, plate, rangée sur le dos; cette plante donne du lait, ce en quoi elle diffère du persil de montagne.

VERTUS

Elle sert, mâchée, pour le mal de dents, les affections froides de la tête. En décoction, la racine est fort incisive, expectorante, diurétique, emménagogue et antiscorbutique, extérieurement résolutive, détersive.

Dentelaire. *Plumbago. Lepidium.*

Fleur monopétale en tuyau évasé et en entonnoir découpé, soutenue d'un calice en tuyau qui devient une capsule qui renferme une semence oblonge.

VERTUS

On l'estime écrasée pour les cors et les durillons, sa racine dans la bouche excite la salivation.

Pyrèthre des Canaries à feuille de chrysanthème. *Leucantemum.*

Marguerite grande. *Bellis major.*

L'une et l'autre en décoction sont vulnéraires, détersives, résolutives extérieurement. La deuxième est apéritive en tisane.

Trèfle d'eau. *Mentante augustifolium* (30 grammes).

Fleur monopétale en entonnoir, découpée, le pistil se change en une coque oblongue remplie de semences presque rondes.

VERTUS

On s'en sert beaucoup pour le scorbut; il entre dans l'eau, le vin, le sirop antiscorbutique; c'est un très bon discussif qui convient beaucoup dans toutes les maladies qui viennent d'obstruction, la cachexie, les fièvres quartes, l'hydropisie, la goutte vague; elle est diurétique et purifie le sang; la semence est expectorante dans la toux, les catarrhes; on emploie le suc, la décoction, le sirop. Extérieurement, en fomentation, c'est un très bon discussif, principalement dans les taches du scorbut.

Sabine. Saumière. *Juniperus sabina*, genièvre sabin (10 grammes).

Arbuste toujours vert ressemblant un peu à l'if.

VERTUS

C'est un incisif très pénétrant, très emménagogue, aristolochique, et un des plus forts antihystériques, en décoction ou en infusion : les
femmes enceintes ne doivent jamais l'employer ;
elle entre dans toutes les préparations contre
l'hystérie, dans la poudre de Mars, etc. Extérieurement c'est un bon résolutif, il entre dans
l'onguent martiatum ; elle est détersive pour
mondifier les plaies et ulcères des chairs baveuses, pour la teigne, la gale ; on peut en faire
porter une ceinture aux jeunes filles en formation pour aider aux menstrues à venir, car c'est
un très fort nerveux, excitant, musculaire. La
poudre détruit les excroissances de chairs
syphilitiques, une pincée mise dessus ; elle est
vermifuge et fébrifuge. Pommade de sabine :
axonge et poudre de sabine, poids égal chaque,
pour les excroissances syphilitiques et autres.

Mouron mâle, à fleur rouge. *Anagalis flore
phœnico.*

Mouron femelle, à fleur bleue.

Mouron d'eau. *Samolus, anagalis aquatica,*
à feuilles rondes crénelées.

Véronique. *Becabunga veronica aquatica.*
Feuilles grandes, presque rondes.

Véronique aquatique, à petites feuilles. Petit bécabunga.

Véronique mâle. Thé d'Europe.

Véronique à épi.

Véronique à petites feuilles unies, rondes.

Véronique des bois, fleur monopétale en rosette, fruit ou coque qui s'ouvre en deux.

VERTUS

Ces plantes sont atténuantes et conviennent dans tous les cas d'obstructions, pour diviser et dépurer par la transpiration et les urines. Les véroniques sont stomachiques, fortifiantes en forme de thé, les mourons, les bécabungas sont employés dans le vin, l'eau, le sirop antiscorbutique. Extérieurement les véroniques sont de bons vulnéraires, détersifs, l'eau distillée est très bonne pour la vue.

Iris blanc, de Florence.

Iris sauvage. Flamme, glayeul.

Iris fétide, glayeul puant. Spatule.

Iris de marais, iris jaune des prés.

VERTUS

La racine est un très bon atténuant, purgatif, hydragogue, pour les humeurs gluantes, visqueuses, comme l'hydropisie, la goutte, le rhumatisme, les spasmes ou crampes ; à l'extérieur ils sont bons résolutifs des tumeurs, le suc entre dans le mondicatif d'ache, le sirop de mercuriale ; l'iris de Florence est plus doux que celui de notre pays, il donne l'odeur de violette aux urines.

Glayeul. *Gladiolus,* à racine tubéreuse.

VERTUS

Des autres iris, mais moindres.

Asphodèle blanche, mâle, rameuse.
Asphodèle blanche non rameuse, sceptre royal.
Fleur monopétale en lys, fruit charnu à trois coins, semences triangulaires, racines composées d'un grand nombre de petits navets.

VERTUS

Ces navets sont âcres et amers, incisifs, diurétiques, emménagogues, diaphorétiques, pour mondifier les vieux ulcères, et résolvent en même temps ; il ne faut pas les faire bouillir, car ils perdraient toutes leurs vertus.

Dentaire. *Heptaphilos.*
Dentaire qui porte des tubercules,
Fleur en rose, silique à deux rangs, racines écailleuses, charnues.

VERTUS

Elles sont détersives, carminatives, vulnéraires ; la deuxième ne doit être employée qu'à l'extérieur.

Héliotrope. *Héliotropium.* Herbe aux verrues.
Fleur monopétale en entonnoir, ployée en étoile, découpée en dix parties inégales, semences anguleuses au nombre de quatre.

VERTUS

Elle sert à dissiper les verrues, déterger, résister à la pourriture, fondre les tumeurs, les scrofules, en cataplasme.

Lentisque vulgaire, fleurs à étamines.

VERTUS

Le bois en décoction fortifie les gencives, on en fait des cure-dents fort sains.

Plantes étrangères et extraits de plantes

Molle. Poivrier du Pérou.
Feuille du lentisque à suc laiteux et gluant.

VERTUS

Les feuilles et l'écorce sont résolutives en fomentation pour les douleurs, les enflures des jambes et les humeurs froides.

Poivre. *Piper,* le noir et le blanc.

VERTUS

Il est incisif, carminatif, stomachique, aphrodisiaque, diaphorétique; on en avale les grains entiers pour la colique, les vents; ces poivres entrent dans l'eau générale, le diaphénix, le mitridat, etc.

Cubèbe, poivre à queue, aromatique.

VERTUS

Du poivre : est très employé pour les maladies syphilitiques; 10 à 15 grammes par jour, délayé dans un peu d'eau; contre la blenorrhagie, c'est un remède très efficace.

Coque du Levant. *Coccii orientalis.*

Petit fruit rond de couleur obscure; il faut regarder s'il n'est pas moisi, ce qui lui arrive souvent.

VERTUS

Elle sert à faire mourir les poux, en décoction.

Fève d'Egypte, ou chou caraïbe, fruit d'une espèce d'arum.

VERTUS

Astringente, s'emploie quelquefois dans la dysenterie.

Cevadille ou petite orge.

VERTUS

Elle est très caustique et brûlante; on s'en sert comme du sublimé corrosif pour ronger les chairs baveuses, gangrenées et en décoction; très bonne pour faire mourir les parasites sur le corps.

Noix vomique. (Voir vomiquier, 3' classe.)

VERTUS

Poison et excitant musculaire, à l'extérieur il est résolutif, en poudre et en décoction, détersif.

Fève de saint Ignace. Petit fruit dur, des Indes orientales.

VERTUS

C'est un violent purgatif qui emporte souvent les fièvres intermittentes à dix ou douze grains, en poudre ; on en donne aussi sept à huit dans l'eau de menthe pour la colique, l'épilepsie ; cette poudre mise sur une plaie arrête le sang ; l'huile par infusion est très estimée pour la gale et les douleurs d'articles.

Fève purgative. *Faea purgatrix*, vient d'Amérique.

VERTUS

On la fait rôtir après l'avoir écorcée et ôté sa petite peau pour corriger sa violence, alors elle purge très bien et doucement les humeurs visqueuses dans les fièvres longues et rebelles.

Pignons d'Inde, fruit d'une espèce de ricin d'Amérique.

VERTUS

Purgatif très violent dont il n'est pas prudent de se servir.

Euphorbe, gomme résineuse très âcre à la bouche.

VERTUS

Purgatif trop violent pour s'en servir à l'intérieur, parce qu'il produit une trop grande fonte d'humeurs, mais ns l'huile, onguent, les emplâtres résolutifs, atténuants, détersifs, les vésicatoires, les épispastiques, il peut bien convenir ; il s'emploie dans l'onguent de cyclamen, le diabotanum, qui sont résolutifs.

Gomme-gutte. *Gummi gutta.*
Gomme-résine jaune, dure, cassante et inflammable qu'on peut dissoudre dans l'esprit de vin.

VERTUS

Purgatif hydragogue actif, pour l'hydropisie, la gale, l'alcali fixe modère son action.

Scammonée. *Scammonium.* C'est le suc concret d'une espèce de convolvulus du Levant, deux espèces, celle d'Alep est la meilleure, celle de Smyrne est moins purgative.

VERTUS

Purgatif hydragogue très usité, un gramme dans un peu de lait ; on en fait un extrait qu'on appelle diagrède cidonnié ou glycirrhisé (au coing ou à la réglisse), on en tire la résine par l'esprit de vin, on en fait des pilules, des biscuits purgatifs, on l'emploie dans l'onguent de cyclamen.

Canne d'Inde.

VERTUS

C'est un très bon apéritif dans les embarras des viscères, la jaunisse, mais sert peu.

Gaïac. *Gaïacum.*

VERTUS

C'est un bon sudorifique, le bois râpé et l'écorce dans les tisanes sont alexitères, purifient le sang, sont fondants de la lymphe pour la goutte, le rhumatisme, les écrouelles, la gomme en bois est plus forte et entre dans la thériaque céleste ; on en tire une huile distillée, un extrait, une résine ; on l'emploie en tisane comme sudorifique, antivénérienne, purgative ; on se sert de la teinture pour les maux de dents.

Zédoire. *Zedoria.* Racine qu'il faut choisir pesante et non cariée.

VERTUS

Elle est très incisive, atténuante, stomachique, carminative, diaphorétique, alexitère ; elle entre dans le baume de Fioraventi, l'huile de scorpions, car elle est très résolutive ; on en tire une essence, une résine, etc.

Gingembre. *Zenziber.* Racine d'une espèce de roseau des Antilles, d'un goût âcre et piquant, un peu aromatique.

VERTUS

Elle est très incisive des glaires, carminative, stomachique, aphrodisiaque, emménagogue, alexitère ; elle convient dans le scorbut et fortifie les gencives ; les marchands de chevaux l'introduisent quelquefois dans le fondement d'un cheval pour lui donner de l'allure.

Contrayerva, racine légère, aromatique.

VERTUS

Elle est sudorifique, aloxitère, elle remédie aux poisons coagulants et tue les vers.

Méchoacan, racine blanche d'Amérique, espèce de brionne.

VERTUS

Purgatif hydragogue qui agit sans violence, on s'en sert dans l'hydropisie, la goutte, le rhumatisme, car elle est très pénétrante, atténuante des humeurs.

Turbith, racine d'une espèce de convolvulus de l'Inde.

VERTUS

Purgatif hydragogue, qui excite quelquefois des tranchées; on s'en sert dans l'hydropisie, la léthargie, la paralysie; il entre dans les pilules cochées.

Pyrèthre, ou racine salivaire, âcre, piquante; deux espèces, de Tunisie.

VERTUS

C'est un bon incisif carminatif, aphrodisiaque, on en met dans la bouche pour faire cracher ; elle entre dans la poudre sternutatoire ; on s'en sert aussi pour chasser les puces, cafards, etc., lorsqu'elle est fraîche, mise dans les endroits où les insectes se tiennent.

Cousso.

VERTUS

C'est le meilleur tœnifuge que nous ayons ; on en fait infuser 30 grammes dans 200 grammes d'eau bouillante, on laisse refroidir et on avale après avoir sucré ; en une fois, dose pour un adulte. On prend une purgation à l'huile de ricin ou au sulfate de soude une heure après et l'on regarde si la tête est bien sortie, sinon il faudrait recommencer une autre fois quatre jours après, pour le ver solitaire.

5ᵉ CLASSE

Plantes d'un goût acide ou astringent qui fournissent
les astringents et toniques.

***

Immortelle maritime. *Stæchus. Gnaphalium
maritimum.* Cotonnaire, herbe blanche.

Fleur à fleurons au sommet des tiges, calice
écailleux, semences enveloppées d'une coiffe.

VERTUS

Elle est astringente et détersive, en raison de
son goût salé.

Filago, *seu impia, gnaphalium crassifolium,*
herbe à coton. Caractère du gnaphalium, semences à aigrettes, vient dans le Midi.

VERTUS

Du gnaphalium, on en fait une eau bonne
pour les cancers.

Alchemilla *vulgaris,* pied de lion.

Fleur à étamine, calice en entonnoir découpé,
à une ou plusieurs semences enfermées dans le
calice de la fleur.

VERTUS

Elle est fort vantée pour ses vertus vulnéraires, astringentes et détersives ; elle arrête le sang et l'on peut s'en servir dans l'hémoptysie des poitrinaires, et extérieurement pour les ulcères ; elle entre dans le baume opodeldoch.

Amaranthe, passe-velours, fleurdela jalousie.

VERTUS

On peut se servir du suc pour arrêter ou modérer les pertes de sang en décoction, bouillons.

Corne de cerf. *Coronus cervina.*

Corne de cerf sauvage.

Petite plante trapue, étalée sur la terre, dont les feuilles sont découpées profondément, fleurs monopétales en forme de coupe. Ces plantes viennent dans les endroits les plus foulés aux pieds.

VERTUS

C'est un astringent pour le cours de ventre, diurétique pour les rétentions d'urine, la néphrite, pour les plaies et ulcères ; on s'en sert beaucoup pour la diarrhée des jeunes veaux et de tous les animaux.

Plantain. *Plantago major.* Herbe à cinq côtes.

Plantain. *Plantago minor.* Petit plantain.

Plantain blanc, moyen.

Feuilles oblongues, à cinq côtes, étalées sur terre dont la tige s'élève de 10 à 20 centimètres au-dessus des feuilles ; porte un épi de coques serrées renfermant des semences longuettes et brunes.

VERTUS

De la corne de cerf, et dans toutes les pertes rouges et blanches, en gargarisme pour resserrer. car la vertu astringente est plus forte, mais celle diurétique l'est moins ; elle est aussi vulnéraire et l'eau distillée est excellente pour fortifier la vue.

Rosier. *Rosea palidus,* rose pâle.

Rosier muscate ou de Damas. *Rosea simplici flore.*

Rosier blanc. *Rosea major alba.*

Rosier rouge de Provins. *Rosea rubra multiflore.*

Rosier églantier. *Cinorrhodon, Grataegus,* rosier sauvage.

VERTUS

Les roses sont toutes astringentes, les blanches sont un peu laxatives, mais elles ne servent que pour remèdes astringents ; celles de Provins sont les plus astringentes, on s'en sert à l'extérieur infusées dans le gros vin rouge pour les foulures, meurtrissures ; elles sont stomachiques et l'on pourrait s'en servir dans les cours de ventre, pour les vomissements. Les fleurs d'églantiers sont aussi astringentes et on en tire une eau distillée pour les yeux ; son fruit et ses semences mondés de leurs poils sont diurétiques et astringents pour les cours de ventre et les pauvres les ramassent pour en faire une boisson un peu acide et fort saine, un décalitre et demi par hectolitre d'eau, laisser fermenter et boire. L'éponge qui naît sur ce rosier est aussi diurétique, on la dit bonne pour le scorbut, pour les vers et pour fondre les goitres.

Prêle. *Equisetum. Jonc noué.*

Fleurs à étamines comme un petit champignon non étalé, noires ; les feuilles sont comme de petits tuyaux emboîtés les uns dans les autres.

VERTUS

On s'en sert en décoction comme astringent dans le cours de ventre ; à l'extérieur comme vulnéraire consolidant et pour la gravelle.

Ortie. *Urens maxima.*

Ortie. *Urens minor.*

Ortie mâle, romaine.
Fleurs stériles à étamines.

VERTUS

On se sert du suc ou de la décoction dans les hémorragies, les pertes blanches ; elles sont incisives, diurétiques, expectorantes.

Extérieurement, antiseptiques, écrasées et appliquées sur les maux, le suc aspiré par le nez arrête le sang, ou en fait un sirop.

Ortie rouge. *Lamium rubrum fœtidum.*

Ortie musquée, blanche, piquante. *Lamium.*

Ortie rouge, pied de poule. *Lamium* des jardins.

Ortie blanche non piquante. *Lamium* à fleur blanche.

Fleurs monopétales labiées, contenant dans leur calice quatre semences.

VERTUS

Elles sont astringentes dans les cours de ventre, les fleurs blanches des femmes et en décoction à l'extérieur, elles sont vulnéraires, détersives. résolutives. Les personnes sujettes à la pierre, à la goutte, se servent avec succès de l'infusion des fleurs de la dernière espèce, le matin, en forme de thé; elles sont diurétiques et purifient le sang par cette voie, elles entrent dans la décoction rouge, diurétique et apéritive, et pour les règles difficiles. On se sert encore, pour les enfants qui pissent au lit, des sommités de l'ortie blanche avec le plus de graines possible et le mastic (voir ce mot).

Erable. *Acer montanum.* Faux platane. Fleur en rose, semence presque ronde.

VERTUS

Les feuilles et les fruits sont astringents, mais servent peu.

Aulne, vergne. *Alnus rotundifolia.*

VERTUS

On se sert du fruit et de l'écorce, en gargarisme, dans les inflammations de la gorge, les
feuilles écrasées et appliquées sur les tumeurs
sont résolutives.

Ortie morte à fleur jaune. *Galeopsis.*
Caractère des lamium.
Elle est apéritive, diurétique et astringente en
décoction.

Euphraise. *Euphrasia officinarum.*
Fleur monopétale labiée, le fruit est une coque
oblongue divisée en deux loges remplies de semences menues.

VERTUS

Infusée dans le vin, elle est douce et atténuante, ce qui convient dans l'ictère pour purifier le sang ; elle est diurétique, un peu astringente. On en tire une eau pour fortifier la
vue.

Bistorte. *Bistorta,* serpentaire rouge.
Fleur à étamines, fruit triangulaire dans le
calice, racine charnue pliée et repliée, entourée
de fibres d'un goût astringent ; dans les prés.

VERTUS

En tisane, elle est très employée pour les cours de ventre, empêcher les vomissements, l'avortement, les hémorragies. On lui attribue une vertu alexitère qui la fait entrer dans l'orviétan, le diascordium. Elle arrête encore les pertes blanches et 10 grammes par litre, dans du vin chaud (la racine), est un des meilleurs spécifiques et toniques contre les fièvres intermittentes.

Tormentille. Heptaphilon. *Tormentilla sylvestris.*

Fleur en rose découpée en huit parties, fruit presque rond, à plusieurs semences menues, feuilles plus de trois sur le même pied.

VERTUS

De la Bistorte.

Prunier sauvage, épine noire. *Prunus sylvestris*, prunellier.

VERTUS

On se sert du bois, des feuilles, des fruits pour les cours de ventre, la dysenterie, le suc épaissi en consistance d'extrait est l'acacia.

nostra, qui est quelquefois substitué au vrai acacia, il est de même astringent, rafraîchissant.

Argentine. Pentaphiloïdes. *Argentia potentilla.*

Argentine. *Pentaphiloïdes erectum,* quinte feuille à fruit.

Fleur en rose jaune, fruit sphérique, feuille verte dessus, blanche argentée dessous, dans les marais.

VERTUS

Astringente, rafraîchissante, diurétique. Extérieurement vulnéraire et détersive ; son eau distillée est bonne pour la chassie, le hâle du visage, pilée avec du sel et du vinaigre et mise à la plante des pieds, elle apaise la fièvre que quelquefois elle chasse, en agissant par ses sels vitrioliques ; elle raffermit les dents et on l'estime comme très bonne pour la pierre avec le suc de seigle.

Quinte feuille, rampante, caractère de l'argentine.

VERTUS

De la tormentille.

Chêne vert. *Ilex oblongo serato folio.*

Chêne qui porte le kermès, la graine d'écarlate.

Fleurs à chatons.

VERTUS

Les feuilles et les glands, ainsi que l'écorce, sont astringents. En fomentation, pour fortifier les jointures, elles arrêtent les hémorragies ; le kermès (végétal) est cordial et astringent, et fait cracher, ce qui soulage dans l'asthme humide. 5 grammes par litre en décoction est un puissant astringent des muqueuses, ce qui fait qu'elles sont bonnes en injection pour les échauffements internes.

Chêne. *Quercus*, ordinaire.

VERTUS

Tout dans le chêne est astringent, le gland séché et en poudre peut être donné dans les coliques venteuses, les tranchées des accouchées ; extérieurement les feuilles sont résolutives en fomentation, dans la goutte, le rhumatisme.

Châtaignier. *Castanea.*

VERTUS

Le fruit est astringent et nourrissant, un peu adoucissant. L'écorce est employée comme très astringente dans les fleurs blanches et partout où il faut resserrer.

Brunelle. *Brunella major.*

Fleur monopétale labiée, dont la lèvre supérieure est en forme de casque et l'inférieure divisée en trois parties, celle du milieu creusée en cuillère ; verticillée formant un épi, souche rampante, fleurit en juin-août, fleurs grandes, violettes, blanches ou pourpres.

VERTUS

Les feuilles en décoction sont détersives, expectorantes, dans les ulcères du poumon, astringentes en gargarisme, dans les maux de gorge et les ulcères de la bouche ; elle peut servir comme astringent vulnéraire et elle entre dans le baume vulnéraire.

Sauge sauvage. *Phlomis fructicosa. Verbascum flore luteo salvia folio.*

Fleurs réunies en verticilles distants, labiées. feuilles oblongues, blanchâtres, tiges raides,

rameuses, buissonnantes, 50 centimètres environ. vient sur les collines arides du Midi; plante
poilue, branches divariquées.

VERTUS

De la brunelle, elle est de plus adoucissante,
on peut en faire un onguent pour les brûlures,
les hémorroïdes.

Sanicle, petit gratteron. *Sanicula officinarum.*

Fleur en rose disposée en ombelle, fruit double, plat d'un côté et convexe de l'autre, hérissé
de pointes crochues s'attachant aux habits.

Oreille d'ours, à fleurs jaunes, sanicle des
Alpes. *Auricula ursi.*
Caractère de l'oreille d'ours des jardins.

VERTUS

Ces deux plantes sont astringentes en décoction pour les hémorragies, le suc de sanicle
qu'on emploie de préférence, entre dans l'emplâtre Opodeldoch qui est fondant, résolutif et
émollient; on s'en sert dans les hernies pour
déterger les ulcères internes et externes, l'une
ou l'autre appliquée sur les coupures les guérit
très vite.

Sumac. *Rhus*, à feuilles d'orme.

Arbrisseau qui ressemble un peu au pista-chier.

Sumac de Virginie. *Typhina, L.*, à fruits rouges foncés.

VERTUS

On préfère le premier au dernier, qui est un fort bon astringent, même rafraîchissant ; les fruits sont aigrelets, dans la dysenterie, les pertes rouges, les gonorrhées, en poudre ou en décoction, il entre dans l'onguent de la comtesse qui est astringent.

Terre noix à grandes feuilles pointues. *Bulbo castanum.*

Fleur en rose, disposé en ombelles, semences doubles, plates d'un côté, convexes de l'autre et crénelées, d'un goût âcre, racine charnue.

VERTUS

La racine est un peu astringente et nourris-sante, la semence est apéritive, mais on s'en sert peu en médecine.

Bourse du pasteur. Tabouret. *Bursa pastoris.*
Fleur en croix, fruit plat, triangulaire.

VERTUS

La plante en décoction est astringente pour les cours de ventre, les hémorragies internes et externes ; elle raffermit les dilatations dans les varices, varicocèles ; elle resserre les veines par trop distendues, et pour arrêter les écoulements trop abondants, il faut faire infuser 10 à 12 grammes par verre de cette plante et en boire d'heure en heure jusqu'à ce que l'écoulement soit modéré, mais sans l'arrêter complètement ; à l'extérieur, écrasée, elle est excellente pour les plaies récentes.

Corneille. Perce-bosse. *Lysimachia major.*

Corneille. *Lysimachia humile flore luteo,* éphémère.

Plante vivace, d'environ un mètre, feuilles ovales, oblongues ou lancéolées, fleurs solitaires disposées en grappe spiciforme longue de 30 à 35 centimètres.

Numulaire. Herbe aux écus, à cent maux. *Numularia.*

Plante vivace, rampante, rameuse, feuilles arrondies, fleur jaune, seule à l'aisselle des feuilles.

VERTUS

Ces plantes sont astringentes pour toutes sortes de pertes rouges ou blanches, les hernies; intérieurement, elles sont un peu atténuantes, détersives dans les ulcères du poumon, en faisant rendre les crachats plus coulants; on se sert de la numulaire pour le scorbut, l'asthme, pour les piqûres d'animaux venimeux, car son sel volatil la rend un peu diaphorétique; à l'extérieur pour consolider et nettoyer les plaies et ulcères.

Herbe aux Anes. *Lysimachia onagra latifolia flore luteo.*

Fleur odorante en grappe et en rose, à quatre pétales, huit étamines, tige radicante, fruit cylindrique qui se sépare en quatre parties et se divise en quatre loges remplies de semences anguleuses, attachées au placenta.

Vertus de la corneille.

Chamænerion vulgaire, à larges feuilles. *Lysimachia.* Herbe de Saint-Antoine.

Caractère de l'herbe aux ânes, avec cette différence que c'est le pistil et non le calice qui se change en fruit et que les semences sont à aigrettes.

VERTUS

Les feuilles sont astringentes, glutineuses, elles sont, en cataplasme ou en fomentation, de très bons vulnéraires agglutinants, pour réunir les chairs et adoucir les plaies.

Salicaire vulgaire, pourpre, à feuilles oblongues. *Lysimachia spicata purpurea aquatica.*

Cette plante vient sur les bords de l'eau, elle a les fleurs très rouges, la tige est dressée, rameuse, dépassant un mètre; les feuilles de la base sont en cœur; coque ovale, semences aplaties.

VERTUS

On se sert de ces plantes comme d'un bon vulnéraire rafraîchissant, et dans l'inflammation des yeux.

Cornouiller. *Cornus hortensis mas.*
Sanguin. *Cornus femina, sanguinea.*
Néflier. *Nespillus germanica.*
Buisson ardent. *Nespillus sylvestris.*

Aubépine. Épine blanche. *Nespillus apii folio sylvestris.*

Azaréolier. *Azareolus. Nespillus apii folio laciniata.*

Fleur en rose. à noyau oblong.

VERTUS

Tous ces fruits sont astringents, ainsi que le bois. Ces fruits avant leur maturité sont beaucoup plus astringents, et l'on fait de la fleur une tisane pour l'inflammation de la gorge.

Myrthe romain, à larges feuilles. *Myrthus.*

Myrthe vulgaire, à petites feuilles. *Myrthus.*

VERTUS

Le fruit et les feuilles sont astringents; on s'en sert beaucoup à l'extérieur pour fortifier les fibres et raffermir les chairs, nettoyer la peau; l'eau distillée s'appelle *eau d'orange*, qui sert aux dames pour raffermir la peau du visage. En fomentation, appliqués sur les coups, ils divisent le sang caillé, de même pour les coups internes, c'est-à-dire lorsque l'on soupçonne une contusion profonde, il n'est pas de meilleur remède. (Trois branches avec leurs feuilles, longues comme le doigt, par tasse.)

Ils entrent dans l'emplâtre opodeldoch; on en fait un sirop des feuilles, des fruits ou des fleurs et même des branches, pour tous les cas où il faut se servir d'astringents; on en fait aussi une huile par infusion qui est très bonne pour les plaies, à cause du principe aromatique de ces plantes.

On voit souvent que le myrthe ne fleurit pas, certains prétendent qu'il faut qu'une femme qui ait ses mois lui en casse quelquefois des branches pour qu'il fleurisse.

Myrtille. Airelle, à feuilles oblongues, crénelées, baie noire. *Vitis idea.*

Feuilles ovales, assez semblables à celles du cassis, mais plus petites, d'un vert gai et luisant, très pâles et ponctuées en dessous; elle vient dans les landes humides et les forêts de pins.

VERTUS

Les baies sont astringentes et rafraîchissantes; on peut en faire un sirop, une confiture, contre la diarrhée et la colique.

Croisette hérissée. *Cruciata hirsutu.*

Fleur en cloche, découpée en quatre parties, semences doubles, recouvertes d'une écorce mince, velue, feuilles rudes, verticillées, autour des nœuds des tiges au nombre de cinq et plus, la disposition des feuilles est comme dans le prend-main, mais accompagnées de stipules.

VERTUS

On emploie la plante en décoction, en cataplasme, pour la hernie.

Consoude moyenne, bugle. *Consolida media pratensis.*

Consoude sauvage à fleur bleue.
Fleur monopétale bleue, divisée en trois.

VERTUS

Vertus de la brunelle.

Consoude grande, mâle. *Symphitum consolida major flore lutea.*

VERTUS

Elle est adoucissante et astringente, très recommandable dans le crachement de sang, les hémorragies, la dysenterie entretenues par l'âcreté du sang, elle est aussi bonne pour les animaux dans le pissement de sang, qu'elle arrête, prise en décoction ou en tisane; on se sert du sirop, de la conserve, etc., comme vulnéraire; elle est très bonne pour les plaies, les coupures récentes, les crevasses, pour cela on prend de la racine, on ôte la première peau, puis on râpe la chair de cette racine et on l'applique sur les coupures ou autres et on laisse sécher ce mucilage qui devient bientôt sec et résistant, on peut l'employer de même pour les brûlures.

Pâquerette. *Bellis*. Marguerite.

VERTUS

Elle est astringente, détersive, rafraîchissante, très estimée pour les cours de ventre, les plaies ulcères internes et externes (une bonne poignée par litre), on en tire une eau par distillation pour les yeux.

Epine-vinette. *Berberis, oxyacantha.*
Fleur en rose et en grappe, baie ronde, oblongue, d'un goût acide et astringent, semences dures, arbuste.

VERTUS

Fruits astringents et rafraîchissants dans les hémorragies, les cours de ventre, qui viennent d'une bile enflammée, dans les fièvres ardentes, pour calmer la soif, on en fait un sirop, une confiture qui ont le même effet et entrent dans le sirop magistral de myrthe, les pépins dans la poudre astringente contre l'avortement, etc.,etc.

Grenadier. *Punica.*

Balaustier. *Punica sylvestris.* Petit grenadier.

VERTUS

Le suc des grenades aigres est plus estimé; l'écorce est employée dans l'onguent de la comtesse, les fleurs dans le sirop de myrthe, car elles sont astringentes; l'écorce de la racine pour le ver solitaire et autres, 60 grammes de racine fraîche dans 750 grammes d'eau, faire bouillir jusqu'à réduction des deux tiers à rester, à prendre bien sucré en trois fois, à une heure d'intervalle, puis deux heures après un laxatif pour expulser les vers.

Turquette. Herniole. *Herniaria, millegrana.* (20 grammes.)

Plante rampante, à feuilles de 1 ou 2 millimètres de large, ayant un très grand nombre de graines, très petites, vient dans les blés, des terrains sableux.

VERTUS

On se sert de cette plante dans la hernie, en tisane ou en cataplasme, d'où lui vient son nom; elle est aussi très diurétique pour nettoyer les reins et la vessie des humeurs et graviers qui s'y forment. Elle est aussi très bonne comme vulnéraire, adoucissante et astringente pour les dépôts de lait, elle les fait guérir en très peu de temps.

Renouée. Centinode, traînasse. *Centinodium*. Regain.

Fleurs à étamines qui naissent dans l'aisselle des feuilles, fleur rouge, graine brune, tige à nœuds rampant sur terre, partout le long des chemins. (15 grammes.)

Renouée argentée. *Paronichia Hispana anthylis, sive poligonum.*

Elle ressemble à la précédente, mais l'envers de la feuille est argenté.

VERTUS

Ces deux plantes sont de très bons astringents pour la diarrhée, la dysenterie, les hémorragies, les vomissements, pour arrêter le flux de sang dans la dysenterie, mais il faut en faire prendre avec prudence, c'est-à-dire ne pas arrêter trop vite cette maladie, ce qui serait dangereux. On se sert du suc ou de la décoction, une pincée par litre, pour commencer; elles sont aussi de très bons vulnéraires, astringents, pour les plaies, elles entrent dans tous les remèdes astringents et vulnéraires.

Pervenche. *Pervinca,* à feuille étroite, petite pervenche blanche.

Pervenche à feuille large, grande pervenche bleue (15 grammes).

Pervenche à feuille marbrée, blanche.

VERTUS

Ces trois pervenches ont les mêmes vertus, sont de bons vulnéraires, astringents dans les ulcères internes pour fortifier les nerfs, raffermir les chairs; elles ont un goût amer qui leur donne une vertu diaphorétique et stomachique, très propre à purifier le sang, ce qui n'est pas à négliger. On peut s'en servir avec succès dans les embarras du foie, les fleurs blanches, le scorbut et les pâles couleurs ; on l'emploie encore à faire passer le lait en y mêlant de la canne de Provence.

Philirea, *latifolia.*

Fleur monopétale en cloche, divisée en quatre baies rondes.

VERTUS

Les baies sont astringentes, rafraîchissantes, détersives, dans les enflammations de la bouche et de la gorge.

Alaterne. *Bourg-épine.*

Fleur monopétale partagée en cinq parties formant l'étoile, baie renfermant trois semences.

VERTUS

De la philirea.

Troène. *Legustrum.*

Fleur monopétale en entonnoir, fruit, baie noire, ronde, remplie de suc renfermant quatre semences.

VERTUS

Les feuilles et les fleurs en décoction sont

détersives et astringentes, antiseptiques pour le cours de ventre, le scorbut, les inflammations de la gorge, et raffermir les dents.

Statice, *cariophillus,* à tête ronde.

Statice petit, de montagne, gazon d'Espagne.
Herbe à feuilles de graminées, fleurs comme les appétits.

VERTUS

La décoction est un peu astringente pour les pertes de sang, les cours de ventre, qu'elle arrête doucement.

Behem rouge, maritime, officinal.
Caractère du Statice.
La décoction est apéritive, diurétique, dans les affections du foie, de la vessie et pour le cours de ventre; elle est aussi vulnéraire et détersive pour les plaies et ulcères.

Myosotis, oreille de souris.
Fleur en rose, bleue, petite, gazonnante,

VERTUS

On estime la décoction pour les fistules lacry-

males, en injection elle est détersive, rafraîchissante, un peu astringente.

Ochrus. *Eruilium.*

Feuille intègre, fleur légumineuse, silique
ronde, semences presque rondes, feuilles tantôt
simples, tantôt conjuguées avec des vrilles.

VERTUS

Du myosotis.

Vesce vulgaire, femelle.

Vesce sauvage.

VERTUS

On se sert de la farine des grains pour résoudre, resserrer et amollir; elle amollit le ventre,
d'en manger ou d'en faire manger aux animaux
qui sont comme l'homme, sensibles aux vertus
des plantes.

Arbousier. *Arbutus folio serrato, cormarus
Theophrasti.*

Fleur monopétale, en forme de grelot, le pistil est un fruit rond, charnu, divisé en cinq
loges, remplies de semences oblongues.

VERTUS

Les feuilles, les fruits, l'écorce, en décoction sont astringents et peuvent servir en gargarisme, la fleur passe pour diaphorétique en infusion.

Jacée. *Jacéa*. Ambrette sauvage, noire, des prés.

Jacée. *Serratula*. Sarrette vulgaire.

Fleur à fleurons, calice écailleux et non épineux, en quoi les jacées diffèrent des chardons et des circiums, qui ont des épines, semences ornées d'aigrettes.

VERTUS

On emploie ces plantes écrasées pour les hernies et pour apaiser les douleurs d'hémorroïdes, pour les chutes, les contusions, on peut les prendre à l'intérieur en poudre ou en décoction, étant d'excellents vulnéraires, détersifs, dans les ulcères internes et externes de la gorge, en gargarisme.

Trèfle odorant ou bitumeux.

Trèfle des prés, pourpre.

Trèfle des jardins. *Lagopus*. Pied de lièvre.

10

VERTUS

Ils sont en décoction humectants, rafraîchissants, astringents ; le trèfle odorant est résolutif, détersif.

Oxys. *Alleluia*, pain à coucou, fleurs blanches.

Allelula à fleur jaune.

Ces plantes viennent dans les jardins, les fruits sont aigrelets, les feuilles ressemblent à celles du trèfle, fleur monopétale, fruit divisé en cinq loges. Ces fruits servent comme légume, et le suc est bon pour désaltérer dans les fièvres, étant aigrelet.

Oyprès. *Cuprosus mas vel femina*, mâle ou femelle.

VERTUS

Les noix sont astringentes, bonnes pour la dysenterie, les hernies, les gonorrhées, par leur vertu amère, astringente et résineuse, suspendent la fièvre et corrigent les vices du sang, à l'extérieur elles entrent dans l'onguent de la comtesse.

Noisetier. *Corylus sativa vulgare*. Avelinier.

VERTUS

Les noisettes sont astringentes, nourrissantes et adoucissantes, et l'huile est meilleure que celle d'amandes douces pour les phtisiques. Les chatons sont aussi astringents à l'intérieur.

Bluet. Aubifoin, casse-lunette.

VERTUS

On tire par la distillation des fleurs une eau qui est très estimée pour fortifier la vue ; on peut se servir de la décoction des fleurs, ou les réduire en bouillie pour la chassie, la vue faible. Les semences infusées dans du vin sont diurétiques dans l'hydropisie.

Crapaudine, *siderilis hirsuta, tetrahit herbararium*, de Montpellier.

Fleur labiée, dont la lèvre supérieure est relevée et l'inférieure partagée en trois, feuilles verticillées, les fleurs naissent dans l'aisselle des feuilles au nombre de quatre, comme dans l'ortie blanche.

VERTUS

En décoction, et le suc en onguent, sont d'excellents vulnéraires astringents pour les plaies, on peut les employer en tisane ou en cataplasme pour les hernies.

Dens leonis. Oreille de souris. *Auricula muris.* Piloselle officinale.

Fleurs à demi-fleurons assez semblables à celles du pissenlit, mais la tige est rampante, trapue sur la terre, la feuille est oblongue, pointue, blanche dessous, verte dessus, elle vient dans les vieilles luzernes et le long des chemins.

VERTUS

Le suc ou la décoction est astringent à l'intérieur. Les feuilles extérieurement en cataplasme sont bonnes pour la hernie et sont employées dans le baume opodeldoch, et vulnéraire; fricassées avec de l'huile de noix et appliquées sur les morsures de serpent, les guérissent très vite et en détruisent le venin.

Sceau de Salomon. *Polygonatum latifolium vulgare.* Fleur blanche.

Fleur monopétale en cloche découpée et sans calice, fruit mou, rond, semences rondes.

VERTUS

La racine est astringente dans les fleurs blanches, diaphorétique pour purifier le sang. En décoction, détersive pour dessécher la grattelle, blanchir la peau, pour les plaies, et résoudre les tumeurs. On peut les réduire en pulpe et les appliquer en cataplasme.

Pyrole d'hiver. *Pyrola.*

Fleur en rose, fruit presque rond, cannelé, divisé en cinq loges remplies de semences très menues.

VERTUS

La décoction, astringente, peut s'employer dans toutes sortes de cas, elle est moins échauffante que les autres, on fait un grand usage de son suc, dans les baumes, onguents, emplâtres, pour arrêter le sang et dessécher les plaies, elle entre dans l'emplâtre Opodeldoch.

Poirier. *Pyrus sativa et pyrus sylvestris.*

VERTUS

Toutes les poires sont astringentes, mais cette vertu domine en raison de la vertu fondante qui les rend adoucissantes. Le suc du poirier sauvage est un acide austère qui entre dans le sirop de myrthe.

Cormier. *Sorbus.* Sorbier.

VERTUS

Les cormes sont astringentes surtout avant leur maturité; molles, elles arrêtent très bien le cours de ventre, les vomissements, les hémorragies, etc.

Fer-à-cheval à silique anguleuse.
Fleur légumineuse, silique contournée en fe à cheval, semence de la même manière.
Géranium. *Robertianum viridi.* Herbe à Robert. Bec de grue.

Herbe à l'esquinancie. Bec de pigeon.
Géranium *colombinum.* Bec de pigeon.
Géranium. *Cicutæ folio moschato* (musqué).
Géranium à fleur rouge.

VERTUS

On peut employer toutes les espèces indistinctement, elles sont d'excellents vulnéraires détersives, résolutives, en cataplasme ou en fomentation ou même le suc intérieurement dans l'esquinancie, les contusions, les chutes, pour résoudre le sang caillé. C'est un très bon détersif que le suc ou la décoction forte dans les ulcères sordides, dans le cancer, les fissures du sein et pour faire perdre le lait des nourrices.

Cognassier. *Cydonia fructu oblongo et brevioris.*

VERTUS

Le suc est astringent et stomachique en raison de son odeur. On peut en faire des émulsions et se servir du mucilage qu'on tire pour les crachements de sang et extérieurement pour adoucir les hémorroïdes,

Micocoulier. *Lotus arbor celtis.*
Fleur en rose, fruit ou baie de la grosseur d'un pois.

Alisier. *Aria.* Alisier de Fontainebleau.
Feuilles du cerisier, fruit jaune orange, mangeable.

VERTUS

Les feuilles ou les fruits en décoction ou le suc sont astringents, un peu rafraîchissants.

Hélianthème. *Helianthemum.* Fleur du soleil. Herbe d'or.
Petit sous-arbrisseau dont les fleurs s'ouvrent au lever du soleil et se ferment à son coucher,

fleur à 5 sépales, dont deux extérieurs très petits, fleurs en ombelles, feuilles linéaires, tige de 40 à 50 centimètres.

VERTUS

La décoction est vulnéraire, astringente pour les plaies, et à l'intérieur pour les hémorragies, les cours de ventre.

Topinambour. *Corona solis.*

Soleil. *Helianthus, corona solis.*

VERTUS

Les tubercules du topinambour et les semences du soleil sont adoucissantes, un peu astringentes, on tire une huile des semences du soleil par expression.

Lentilles. Lens vulgaire.
Fleur légumineuse, fruit plat, comestible.

VERTUS

Cette plante en décoction et en lavement est astringente, la farine est employée dans les cataplasmes émollients et astringents, une légère décoction pousse par les pores de la peau et convient beaucoup dans la petite vérole et autres maladies où il faut faciliter la transpiration, elle est très nourrissante et reconstituante.

Fève. *Faba candida.*

VERTUS

La farine en cataplasme, en décoction, est astringente, les fleurs infusées, les gousses, les tiges, en décoction, sont diurétiques, apéritives. L'eau distillée des fleurs entre dans l'eau anti-néphrétique. On l'estime de même pour décrasser et adoucir la peau, la farine est une des quatre résolutives, pour les tumeurs. La bouillie faite avec de la farine et du lait est très bonne pour arrêter les cours de ventre, lorsqu'il est permis de l'arrêter. La cendre des gousses et des tiges brûlées est apéritive, on en fait bouillir une once (30 grammes) dans un litre d'eau qu'on filtre après et que l'on donne aux hydropiques. L'écorce et la gousse du grain qu'on fait infuser du matin au soir dans un verre de vin blanc et du poids de 12 à 15 grammes est un remède presque infaillible pour les rétentions d'urine, l'eau distillée des fleurs est un excellent cosmétique pour faire passer les taches et rousseurs de la peau.

Hêtre. *Fagus.*

Fleurs à chatons ramassés en pelote, semences oblongues, triangulaires.

VERTUS

Les feuilles sont astringentes, on tire une huile du fruit qui se rapporte à celle de la noisette. On s'en sert dans les affections des reins, le fruit est un peu astringent et l'on peut en faire des émulsions.

Raisin de mer. *Ephedra, Polygonum baciferum.*

Les fleurs naissent aux nœuds des branches qui produisent des baies en grappes, soutenues d'un calice rouge en forme de calotte, semences dures, triangulaires, fruits acides lorsqu'ils sont mûrs.

VERTUS

Fruits rafraîchissants, la décoction des branches tendres est astringente dans les hémorragies.

Groseillier épineux. *Grossularia.* Groseillier à maquereau.

Groseillier non épineux, à grappes. Castillier. *Ribes officinarum.*

Groseillier noir. Cassis.

VERTUS

Les groseilles vertes sont acides, austères, fort astringentes et rafraîchissantes, la maturité ôte l'austère mais laisse l'acide qui leur donne une qualité très rafraîchissante. On en fait un sirop, une gelée, excellents pour tempérer la soif dans la fièvre et la bile. Le cassis est plus astringent, son odeur le rend antihystérique, les feuilles en infusion sont diurétiques et diaphorétiques.

Lilas. *Syringa cerulea.*

VERTUS

Les semences en poudre sont astringentes mais servent peu.

Arbre de Judas. *Siliquastrum* fleuri.

Fleurs légumineuses, le fruit est une gousse aplatie qui renferme des semences presque rondes, feuilles seules et alternes le long des branches, nerveuses, blanchâtres dessous, vertes dessus.

VERTUS

Les fleurs ont un goût doux, aigrelet, rafraî-

chissantes et adoucissantes en tisane, les gousses en décoction sont astringentes.

Medium. Campanule.

Plante campanulée, à feuilles pointues, fleurs
en cloche disposée en épi, fruit divisé en cinq
loges, seules différences entre les médiums et
les campanules qui n'en ont que trois.

VERTUS

Astringente et rafraîchissante, dans les hémorragies.

Jonc d'eau. *Scirpus altissimus*. Grand jonc.

VERTUS

Les sommités fleuries, les semences en décoction sont rafraîchissantes et astringentes, et
même un peu calmantes dans la dysenterie
avec tranchées, les hémorragies.

Sanicle femelle. *Astrantia* à fleur pourpre.

Fleur en rose en ombelle, fruits doubles, enve-
loppés chacun d'une coiffe.

VERTUS

Cette plante est plutôt une espèce d'hellébore dont elle possède toutes les vertus, qu'une espèce de sanicle dont elle n'a que les feuilles. On emploie la racine pour purger les humeurs noires et mélancoliques.

Hépatique des jardins

Sorte de renoncule à fleur en rose, semence attachée autour du placenta, plante sans tige, ses feuilles sont trilobées, allusion faite aux lobes du foie.

VERTUS

Elle sert peu, elle n'a ni l'âcreté ni les vertus des renoncules, mais elle pourrait être apéritive pour les embarras du foie.

Plantes et extraits de plantes étrangères

Bois de fer. Bois dur, pesant, d'Amérique.

VERTUS

L'écorce râpée en décoction est astringente, sudorifique, comme le gaïac, dans la vérole, la sciatique, les humeurs froides, les vieux ulcères et cours de ventre.

Santal. *Santalum*. Bois dur, pesant, odorant, de l'Inde.

Il y a trois espèces de santaux, le citrin, le rouge et le blanc : le citrin est le meilleur.

VERTUS

Ils sont astringents, stomachiques, diaphorétiques.

Parelabrava. C'est une racine du Brésil.

VERTUS

La poudre est apéritive, diurétique, on l'emploie pour les reins.

Squine. Racine noueuse, rougeâtre de l'Inde.

VERTUS

La décoction est diaphorétique et fondante de la lymphe, un peu astringente, insipide au goût, elle est très usitée pour purifier le sang, pour les affections de la peau, les rhumatismes et humeurs errantes dans le sang, on l'emploie dans la tisane antivénérienne, sudorifique, le sirop de vipère, sa poudre contre la goutte.

Liège. Écorce du chêne-liège.

VERTUS

La poudre est astringente, brûlée et appliquée sur les hémorroïdes, en liniment avec un peu d'huile, elle calme la douleur.

Sang-dragon. Suc congelé tiré du draco-arbor.

VERTUS

La poudre est un très bon astringent, dans tous les cas où il faut resserrer. Extérieurement, il est vulnéraire, consolidant des plaies, il entre dans les pilules astringentes, contre l'avortement, l'emplâtre fortifiant et discussif.

Acacia. Suc qui vient d'Egypte, à goût stiptique, acide.

VERTUS

C'est un astringent, rafraîchissant dans les hémorragies, les cours de ventre, délayé dans l'eau, il nettoie et fortifie la vue ; on peut en prendre quatre grammes pour le crachement de sang, pour gargariser la gorge, il n'est pas de meilleur remède pour la dysenterie.

Myrobolan. Fruit gros comme des prunes, vient de l'Inde.

VERTUS

Ils sont légèrement purgatifs et astringents. Ils entrent dans le sirop magistral et la confection Hamec.

Tamarin. *Tamarinus.*

VERTUS

La décoction est rafraîchissante et purgative, très propre dans les fièvres bilieuses et putrides ; il entre dans l'électuaire, purgatif universel, le lénitif fin.

Agaric, champignon gros, dur, blanc.

L'agaric est le meilleur astringent dont on peut se servir pour arrêter le sang, dans les coupures, blessures; on prend l'agaric de chêne, puis on sépare l'écorce de la partie molle, on le bat au marteau, au point d'être aisément écharpé sous les doigts, puis on l'applique sur la blessure avec un deuxième morceau par-dessus et on le maintient en place, là, il arrête le sang en rétrécissant les vaisseaux, il fait former un caillot, ce qui arrête le sang. Il est aussi purgatif et on l'estime pour les affections de la tête; de plus, il est apéritif et diurétique, on l'emploie dans les compositions purgatives, stomachiques et amères.

Pour bien arrêter le sang, on prend un morceau d'amadou (agaric préparé), on l'imbibe de moitié eau et moitié perchlorure de fer, puis on l'applique sur la blessure. Le perchlorure de fer se prend en pharmacie, un petit flacon de 15 grammes 0 fr. 25, est très utile dans une maison, car employé seulement mélangé avec de l'eau, par moitié, il arrête instantanément le sang en le coagulant.

6e CLASSE

Plantes dont les principes sont un mélange de vertus des autres plantes, d'où l'on peut en extraire les meilleurs médicaments comme apéritifs diurétiques, sudorifiques, pectoraux vulnéraires et discussifs, etc.

Capillaire. *Adiantum*, de Montpellier.

Capillaire du Canada.

Capillaire blanc. *Filicula fontana major.*

Capillaire noir ou commun. *Filicula nigrum.*

Capillaire. Trichomanes. *Politric officinal.*

Capillaire des murs. *Rula.* Sauve-vie.

Capillaire. *Ceterach.*

Ces plantes n'ont point de fleur et, comme les fougères, les semences sont attachées comme une poussière au revers des feuilles qui sont elles aussi conjuguées, mais toutes plus petites que les fougères.

VERTUS

Ces plantes sont un peu diurétiques, apéritives et même sudorifiques, elles atténuent les humeurs de la poitrine, de là, on les appelle pectorales. Elles sont très bonnes pour faciliter l'expectoration en adoucissant et en divisant les humeurs et les détournant par la transpiration, on en fait de quelques-uns de ces capillaires quoiqu'ils soient tous également bons, des sirops très renommés pour la poitrine et qui sont très agréables au goût, on y ajoute quelquefois un peu de calmant dans les toux opiniâtres (opium).

Capillaire grand. Politric noble. Cheveux de la Vierge.

Cette plante porte des feuilles aussi déliées que des cheveux et sur ses sommités des petites têtes, elle croît parmi la mousse des arbres.

VERTUS

Des capillaires, on s'en sert comme sudorifique avec l'eau sucrée, pour la pleurésie.

Lichen pulmonaire de chêne. Hépatique des bois (10 grammes).

Lichen des fontaines. Hépatique des fontaines.

Sorte de mousse blanche ou grisâtre qui pousse sur l'écorce des arbres ou des pierres, qui devient molle par l'humidité et très sèche au soleil, sans lui toucher.

Le lichen est très estimé en décoction pour diviser les humeurs dans l'asthme, les toux invétérées et autres affections du poumon.

Extérieurement appliqué sur les plaies, il est vulnéraire et astringent, arrête les hémorragies, on le croit aussi bon pour les maladies de la peau, d'où lui vient son nom de Lichen ; quoique tous ces capillaires et lichens soient très bons pour la poitrine, je donnerai encore la préférence au lierre terrestre. qui est sans égal.

Fougère mâle ou commune. *Filix mas,* non dentée, rameuse.

Fougère mâle, non rameuse, dentée (10 gr.).

Fougère à oreillette. Lonchite pointue, seule différence, l'oreillette.

Polipode. *Polipodium,* plante très connue, à racines bossues.

Les fougères sont apéritives et diurétiques, estimées dans les maladies du foie et de la rate, l'hydropisie, on préfère la fougère mâle pour cette indication, elle est aussi estimée pour les vers surtout le ver solitaire ; la dose est de quatre à huit grammes, à prendre en capsule, ou en potion, puis, deux heures après l'ingestion, prendre un laxatif léger pour débarrasser l'intestin. Le polipode a les vertus des fougères, mais en même temps, il est laxatif, il s'emploie dans la décoction antivénérienne, la confection Hamec, pour toutes les humeurs, le diarprum, l'onguent de cyclamen, on en fait beaucoup de cas pour les écrouelles, l'affection hypochondriaque, soit en poudre ou en décoction.

Langue de cerf officinale, scolopendre. *Lingua cervina.*

Feuille entière, longue, qui, comme les fougères, porte sa graine au revers des feuilles, elle vient dans les puits, le long des vieux murs très frais.

VERTUS

On s'en sert beaucoup à titre d'apéritif doux pour la poitrine, la rate, et entre dans la décoction rouge qui est apéritive, le sirop de chicorée composé. La dose de tous ces capillaires est à peu près uniforme, 10 grammes, sec, par litre, sauf la fougère mâle pour le ver solitaire à la dose de 50 grammes.

Osmonde, fougère fleurie. *Filix florida.*
Caractère des fougères, avec cette différence que les semences sont aux sommets des tiges

et non aux revers des feuilles, sur les rochers humides.

VERTUS

La racine en décoction est diurétique, apéritive dans les coliques néphrétiques, les pâles couleurs, l'hydropisie, elle résout le sang caillé, au dedans ou au dehors, elle est détersive pour les plaies, soit en onguent ou en fomentation.

Langue de serpent. Herbe sans coutures. *Ophioglossum.*

Cette plante n'a point de fleur, mais un fruit qui a la figure d'une langue aplatie à bord relevé et divisé dans sa longueur en plusieurs cellules remplies de semences très menues.

VERTUS

Les feuilles qui ont un goût douceâtre et visqueux sont très bonnes en décoction pour tempérer les inflammations, les hémorragies et consolider les plaies, on s'en sert au dedans comme au dehors.

Sanicle des Alpes, à feuilles rondes, grandes. *Geum.*

Fleur en rose, dont le pistil qui est à deux

cornes se change en un fruit à deux capsules remplies de semences menues.

VERTUS

La décoction est vulnéraire, détersive, consolidante pour les plaies et ulcères internes.

Chardon-Marie. *Carduus Mariæ maculis alba.* Artichaut sauvage.

L'eau distillée est sudorifique et regardée comme alexitère, on se sert aussi du suc dans les pleurésies, des semences et de la racine en décoction pour aider la transpiration dans les maladies éruptives comme la petite vérole, la rougeole.

Saxifrage. *Saxifraga rotundifolia alba.*

Fleur en rose, calice découpé, fruit presque rond à deux cornes. Cette plante est très apéritive et diurétique, on l'emploie pour la pierre, elle est aussi emménagogue, on s'en sert ordinairement en décoction, et elle entre dans le sirop de mauve composé.

Saxifrage grande. *Tragoselinum.* Boucage, persil de bouc.

Saxifrage petite, petite pimprenelle.

Fleur en rose disposée en ombelle, graine de

la saxifrage. La petite est plus usitée en médecine, les feuilles, la racine, les semences, sont diurétiques, lithotriptiques, sudorifiques, alexitères, apéritives dans les obstructions, emménagogues, en poudre ou en décoction.

Saxifrage dorée. Hépatique dorée. *Christo plenium.*

Fleur monopétale en rosette découpée, le pistil se change en une capsule membraneuse à deux cornes remplies de semences menues.

VERTUS

De la saxifrage.

Pimprenelle. *Pimpinella.*

VERTUS

La racine ou la décoction est un peu incisive, atténuante, et convient dans les affections de poitrine pour aider l'expectoration ; on emploie les feuilles en décoction. Elle excite les sueurs et pousse les urines, elle arrête de même les hémorragies, infusée dans l'eau pendant quelque temps, elle soulage ceux qui ont la gravelle, la même boisson est très bonne quand on se sent échauffé, à l'extérieur c'est un excellent vulnéraire, détersif.

Mille-pertuis. *Hypericum* (15 grammes).

Fleur en rose d'un jaune doré, fruit à trois coins et à trois capsules, feuilles petites ; elle fleurit en bouquet dans les prairies artificielles, feuilles percées d'un grand nombre de petits trous, d'où lui vient son nom.

VERTUS

Cette plante est très usitée comme vulnéraire, détersif et fortifiant ; on en fait une huile par infusion ou macération qui a toutes ces propriétés et est bonne pour les boutons de la peau, pour le pansement des panaris et de toutes sortes de plaies ; elle entre dans le baume vulnéraire, l'huile de scorpions, l'onguent martiatum qui sont résolutifs ; les fleurs dans le baume tranquille et dans celui du Commandeur ; à l'intérieur, elles sont vulnéraires, sudorifiques, alexitères, antispasmodiques, diurétiques, pour les coliques néphrétiques, vermifuges, carminatives, on peut se servir de l'infusion des feuilles et des fleurs, et elle teint en rouge les huiles, l'esprit de vin.

Mille-pertuis rampant. *Ascyrum magnus flore.*

Fleur en rose, fruit pyramidal, à cinq capsules remplies de semences menues, longuettes.

VERTUS

Du mille-pertuis, mais moindres.

Toute-saine. *Androsemum, Siciliana.*
Petit arbuste dont la fleur est en rose et en ombelle, baie rouge, ovale, à une capsule remplie de semences menues attachées à un triple placenta ; ces baies viennent noires en mûrissant et sont aromatiques, rameaux opposés, feuilles ovales, fleurs jaunes.

VERTUS

En décoction elle est très apéritive, vulnéraire, résolutive, diaphorétique, diurétique, vermifuge, on s'en sert au dedans comme au dehors.

Verge d'or, à larges feuilles. *Virga aurea.*
Fleurs radiées, en épi le long des tiges, soutenues d'un calice écailleux, semences à aigrettes, feuilles alternes.

VERTUS

La décoction est apéritive, diurétique, un peu

astringente et un très bon détersif pour nettoyer les plaies et ulcères.

Vulnéraire. *Vulneraria rusticana*.

Fleur légumineuse, calice en tuyau, enflé, lanugineux, qui se change en une vesse membraneuse et qui renferme une silique courte, remplie d'une semence ronde.

VERTUS

De la verge d'or et un peu du myrthe, mais moindres.

Sainfoin. *Onobrichis*.

VERTUS

La décoction est apéritive et sudorifique, détersive à l'extérieur.

Trèfle blanc. *Dornycum*.

Fleur légumineuse, amassée en tête, silique, courte. remplie d'une semence ronde.

Peigne ou aiguille de Vénus. *Scadix*

Fleur en rose, disposée en ombelle; fruit composé de deux parties longues qui forment comme un fourreau à une épée qui est au milieu.

VERTUS

De la toute-saine.

Helichrysum. Immortelle. *Feu stœchas*, nombreuses variétés.

Globulaire. *Globularia*.

Herbe et sous-arbrisseau à fleurs disposées en boule, à fleurons, corole tubuleuse, à deux lèvres, semence dans le calice de la fleur qui sert de capsule.

VERTUS

La décoction est résolutive pour les tumeurs et détersive pour les plaies et ulcères.

Chardon à foulon. *Dipsacus sativa*.

Chardon à foulon, sauvage. Verge du pasteur.

Fleurs à fleurons ramassés en une tête qui représente une ruche. Feuilles opposées, entourant la tige, formant bassin qui retient l'eau.

VERTUS

Les têtes et les racines en décoction sont sudorifiques et apéritives ; on en fait une eau estimée pour les maladies des yeux.

Double feuille.

Fleur à étamine dissemblable, dont les cinq supérieures représentent un casque et l'inférieure un corps humain, le fruit est une petite vessie percée de trois trous et est remplie de semences semblables à de la sciure de bois, il y a deux feuilles uniques, opposées sur la tige.

VERTUS

Cette plante est vulnéraire en décoction et sert à consolider les plaies, la racine est détersive pour les ulcères.

Bardane. Gratteron. Herbe aux teigneux, *Lappa*. Bouillon.

Cette plante a de très larges feuilles, une grosse tige s'élevant jusqu'à un mètre, les fleurs sont ramassées en boules, grosses comme une noisette, lesquelles sont armées de crochets qui s'attachent aux habits lorsqu'on les y jette.

Bardane petite. *Xantum*.

Ces deux plantes sont apéritives, résolutives, incisives; on les emploie dans l'asthme, les écrouelles et la racine est un excellent sudorifique dont la décoction est préférable à celle de la scorsonère dans les fièvres malignes; on prétend que son infusion a guéri des goutteux, mais elle est bien désagréable à boire ; infusée dans le vin ou l'eau, 40 grammes, fraîche, par litre, et en boire souvent et en abondance dans le jour ; continuer une semaine ou deux. Les personnes atteintes de rhumatisme s'en trouvent très bien ainsi que celles ayant une maladie de la peau, car elle fait sortir par la sueur les humeurs qui entretiennent ces maladies : on peut aussi mélanger, en les battant bien, le suc et de l'huile de noix qui est plus dessiccative que celle d'olive, par parties égales, pour nettoyer et guérir très vite les plaies.

Les feuilles sont résolutives et vulnéraires, passées à la flamme, puis appliquées toutes chaudes sur les jambes, en dissipent l'inflammation ; cette vertu vient de ce qu'elles contiennent beaucoup de nitre, car elles fusent sur les charbons et rougissent (le suc) le papier bleu.

On en fait une lotion contre la chute des cheveux, à condition de s'en servir fréquemment. Elles sont employées dans les onguents populeum, Martiatum, de guimauve, diabotanum, etc.

Oseille des jardins. *Oxalis acetosa* (racine, 20 grammes, fraîche).

Oseille des prés. Surelle.

Oseille sauvage, petite oseille. *Oxalis minima.*

VERTUS

La racine sert dans les tisanes et apozèmes diluants, tempérants et rafraîchissants, elle est diurétique et un peu apéritive, elle convient dans les fièvres ardentes et putrides et dans l'effervescence de la bile, mais par son acidité, ne convient pas aux gastrites et à ceux qui ont la gravelle. Les feuilles en cataplasme, cuites, font mûrir les abcès et clous.

Fraisier. *Fragaria vulgaris* (racines, 20 gr.).
Les fraises sont très humectantes et diurétiques, et par leur odeur un peu diaphorétiques, cordiales et alexitères. La racine est très usitée dans les tisanes apéritives et tempérantes, ayant aussi un principe astringent qui la rend précieuse pour les maux d'yeux. Les fraises sont contraires aux maladies de peau.

Philipendule. *Philipendula.*
Fleur en rose dont le pistil se change en un fruit composé de onze à douze semences aplaties et ramassées en forme de tête. La racine

s'étend en plusieurs fibres déliés auxquels sont attachés plusieurs petits tubercules ronds.

VERTUS

Ces tubercules et même la plante en décoction sont atténuants et diurétiques et un peu astringents qui conviennent dans les fleurs blanches et les hémorroïdes.

Thlaspi de montage. Alysson.

Fleurs en croix, d'un jaune d'or, ou blanches, odorantes, tige très rameuse, fruit petit, relevé en bossette, divisé en toute sa longueur en deux loges remplies de semences rondes.

VERTUS

En décoction, elle est très pénétrante, diaphorétique pour purifier le sang, elle est aussi apéritive et bonne contre la rage.

Joubarbe. *Sedum semper vioum.*

Vermiculente. *Sedum flore luteo.* Vermiculaire.

Tripe-madame. *Sedum teretifolium luteum.*

La joubarbe qui ressemble à de petites têtes d'artichaut vient sur les murs. La vermiculente a les feuilles beaucoup plus petites.

Enfin, la tripe-madame ou trique-madame a les feuilles comme de petites tétines et vient sur les vieux murs, sur les tuiles qui couvrent les maisons, et dans les champs.

VERTUS

Le suc est rafratchissant, répercussif, un peu astringent; on s'en sert avec succès pour les démangeaisons de la peau, les brûlures, les inflammations des hémorroïdes, car le suc est nettement antihémorroïdal et antihémorragique, les feuilles de la joubarbe, pilées et appliquées sur les cors, les ramollissent, en les y maintenant par un linge.

L'eau distillée ou le suc purifié est très bon pour adoucir la peau et ôter les taches du visage, dessécher les dartres, principalement la trique-madame. La décoction de la joubarbe est bonne contre la dysenterie, mêlée avec de l'huile rosat et appliquée guérit les maux de tête; pour les hémorroïdes, on met un quart du suc et trois quarts de graisse ou de vaseline.

Orpin. Joubarbe des vignes, fève épaisse, grassette. *Sedum, anacampseros.*

11

Orpin rose. *Anacampseros, sedum*.

Caractère des sedum, dont il ne diffère en ce que l'orpin commence à monter en tige.

VERTUS

Des sedum, la fève grasse s'emploie dans l'eau et le baume vulnéraire.

Androsace vulgaire, annuelle.

Fleur monopétale découpée et évasée, fruit rond qui s'ouvre par la pointe et est rempli de semences rougeâtres, longuettes, elle a les feuilles larges.

VERTUS

La décoction est apéritive, diurétique, estimée pour la goutte, l'hydropisie.

Cerfeuil. *Cerefolium sativum*.

Cerfeuil de Crète. *Daucus*, bulbeux.

Fleur en rose et en ombelle, graine longue, noire.

VERTUS

Le cerfeuil est très apéritif, diurétique, et est employé dans toutes les tisanes, bouillons, apozèmes pour les affections des reins. En cataplasme avec le lait il résout le sang caillé et toutes les tumeurs, appliqué sur le pubis il fait uriner dans la rétention d'urine, de même il fait mûrir et percer les abcès, pour calmer les hémorroïdes et dans l'eau pour faire passer le lait.

Cerfeuil musqué. Myrrhis grand, odorant.

Myrrhis vrai. Daucus de Crète.

Caractère du cerfeuil, mais, dans les myrrhis, les semences sont cannelées.

VERTUS

Du cerfeuil, mais en raison de son odeur il est emménagogue, bon pour hâter l'accouchement, pour la cachexie, expectorant dans l'asthme, détersif dans la phtisie et diaphorétique pour résister au venin.

Maceron. *Mathioli.* Smyrnium, caractère du myrrhis.

VERTUS

Du myrrhis et du cerfeuil.

Persil. *Apium vulgo sive petroselinum.*
La racine du persil est une des cinq apéri-

tives et a les mêmes vertus du cerfeuil et du myrrhis. On en tire l'apiol dont on fait des pilules employées particulièrement pour faciliter les mois aux femmes et en empêcher les douleurs, bouillie dans le lait, elle est excellente pour faire sortir la petite vérole, de même bouillie dans l'eau, à la dose de 100 grammes par litre, pour couper les fièvres. Les feuilles sont journellement employées en cuisine ; en manger deux ou trois facilite la digestion et empêche les vents, car elles sont carminatives et antifermentescibles ; mettre un bouquet de persil de la grosseur du poing dans une barrique de vin nouveau l'empêche de fermenter, et sitôt ôté le vin reprend sa fermentation sans que le persil ne lui communique aucun goût, ce qui est très commode pour le transport ; il est à remarquer que dans les cas d'empêchement des fermentations ou de vents, on ne doit l'employer que fraîchement cueilli et non fané, car son principe volatil s'évapore et il n'a plus les mêmes vertus.

Céleri doux d'Italie. *Apium.*

Ache officinale et d'eau. *Apium.*

Le céleri est l'ache cultivée, il a donc par conséquent les mêmes vertus, mais un peu moindres.

VERTUS

On se sert de l'ache pour plaies et blessures, pour les contusions et en résoudre le sang caillé ; du reste même vertu que du cerfeuil.

Anis vert. *Anisum, apium.*

VERTUS

On se sert communément de ses semences pour chasser les vents, en tisane (15 grammes par litre), et l'on en fait une excellente liqueur par macération dans l'eau-de-vie et en y ajoutant d'autres aromates : anis, 30 grammes ; cannelle, 1 gramme ; semences de fenouil, 10 grammes ; eau-de-vie, 1 litre ; sucre, 500 grammes ; au bout d'une semaine, filtrer ; très bon digestif.

Persil de Macédoine.

Persil des Pyrénées, faux tapsie, faux turbith.

Caractère et vertus des myrrhis.

Carotte rouge ou blanche. *Daucus sativa.*

Carotte sauvage. *Daucus sylvestris.*

VERTUS

Le jus de carottes bouillies est adoucissant et rafraîchissant.

Berle. *Sium, sive apium palustre,* persil de marais.

Berle odorante. *Sium aromaticum et officinarum.*

Feuilles conjuguées plus ou moins grandes, selon l'espèce.

VERTUS

Des myrrhis ; on s'en sert dans la dysenterie, le scorbut.

Chervis. *Sisarum germanicum.*

Caractère de l'ache, racine comme le salsifis.

VERTUS

La racine est échauffante et aphrodisiaque, sert peu.

Fenouil marin. Bacille. Passe-pierre. Cristo marine. Perce-pierre.

Fleur en rose et en ombelle, fruit composé de

deux semences plates striées, qui quittent ordinairement leur enveloppe, feuilles charnues,
étroites, divisées en trois.

VERTUS

Elle est apéritive, diurétique, emménagogue ;
on peut en donner le suc, on la confit dans le
vinaigre pour manger.

Fenouil de porc. Queue de pourceau. *Peuce-
danum.*

Fleur en rose et en ombelle, calice se chan-
geant en un fruit composé de deux semences
ovales, légèrement crénelées, avec des bords en
feuillets, feuilles ailées, étroites, comme celles
du gramen, divisées en trois.

VERTUS

La racine ou le suc gommo-résineux qui en
sort est un bon incisif pour atténuer les humeurs de la poitrine, faciliter l'expectoration,
déterger les plaies et ulcères, exciter les urines
et les menstrues ; elle sert à l'intérieur et à l'extérieur.

Persil de montagne. *Libanotis apii folio.*
Feuille du persil ou du figuier, fleur en rose

et en ombelle, fruit composé de deux semences ovales, plates, rayées sur les bords et bordées d'une membrane.

Persil laiteux, même caractère que ci-dessus.

VERTUS

Vertus du fenouil de porc; mâché il soulage le mal de dents.

Panais. Pastenade. *Pastanica flore luteo aut alba.*

Cette plante a le port du céleri, mais sa feuille est plus large, tige creuse jusqu'à deux mètres de hauteur, odeur forte.

La racine en décoction est apéritive, vulnéraire, emménagogue et carminative ; on préfère le sauvage à celui cultivé.

Caucalis. *Arvense flore magno.*

Fleur en rose et en ombelle, fruit composé de deux semences oblongues, dentelées et comme hérissées de pointes plates de l'autre côté.

VERTUS

Les semences sont incisives des phlegmes, diurétiques, emménagogues, estimées pour les yeux.

Caucalle petit. *Cordillium minus.*

Fleur en rose, fruit presque rond, composé de deux semences plates, relevées d'une bordure taillée en grain de chapelet qui quittent aisément leur enveloppe.

VERTUS

Semences incisives pour la poitrine, qui conviennent dans l'asthme pour faciliter les crachats.

Tapsia, herbit bâtard.

Fleur en rose et en ombelle, fruit composé de deux semences longues, cannelées et environnées d'une grande bordure, aplaties aux feuillets st échancrées aux deux bouts.

VERTUS

Sa racine est un purgatif si violent, hydragogue, qu'on ose s'en servir ; on se contente de l'employer en onguent ou en emplâtre pour la grattelle et les maladies de la peau ; on trouve chez les pharmaciens de ces emplâtres tout faits dont on se sert pour les douleurs, vieux rhumes et toux anciennes ; ces emplâtres tirent une eau par de petits boutons qui soulagent beaucoup mais la démangeaison qui se produit est bien souvent plus insupportable que le mal.

Hydrocotyle. Ecuelle d'eau.

Fleur en rose et en ombelle, fruit composé de deux semences plates et presque orbiculaires.

VERTUS

En décoction elle est vulnéraire, détersive pour les plaies et un peu apéritive pour l'intérieur.

Chardon roulant ou Roland. Panicaut. *Eringium.*

VERTUS

La racine est un très bon apéritif, dans les maladies du foie, de la rate, des coliques néphrétiques et est emménagogue, diurétique, elle entre dans la décoction rouge, le sirop de guimauve qui sont tous deux apéritifs et diurétiques. C'est une des cinq petites apéritives.

Apparine. Gratteron. Rieble.

Apparine. *Latifolia montana. Rubiis accendens.* Hépatique étoilée. Muguet des bois, hépatique des bois.

Fleur en cloche découpée; fruit sec, recouvert d'une écorce mince, composée de deux globules qui renferment chacune une semence un peu creuse vers le milieu; feuilles rondes, velues, verticillées aux nœuds des tiges, au nombre de cinq au plus. On distingue le gratteron de la garance par son fruit sec; du gallium, par ses feuilles velues et rudes; de la croissette, par le nombre de ses feuilles qui surpasse celui de cinq.

VERTUS

Le gratteron et principalement les graines, en décoction, est sudorifique, alexitère, et convient dans la petite vérole, les fièvres malignes, pour aider l'éruption et la dépuration du sang; on peut donner le suc, on l'estime pour l'épilepsie; il passe aussi pour apéritif, diurétique et emménagogue; mais ces propriétés paraissent plus sûres dans le muguet des bois, l'un et l'autre sont très bons vulnéraires, détersifs appliqués sur les plaies, et un peu astringents.

Garance. Prend-main. *Rubia tinctorium sativa.* Grand prend-main.

Fleur en cloche, fruit ou baie qui contient

deux semences creuses dans le milieu, fleur blanche, tige carrée, rude, sarmenteuse; feuilles lancéolées, racine traçante et rouge.

La racine de garance est une des cinq petites racines apéritives qui sont : l'arrête-bœuf, le caprier, le chardon roulant, le chiendent.

La garance est très pénétrante dans les obstructions, la jaunisse, et s'emploie dans la poudre de Mars, le sirop d'armoise, la décoction rouge, elle est aussi diurétique, emménagogue, un peu astringente pour le ventre et à l'extérieur comme les apparines.

Campanule vulgaire, à feuilles d'ortie. Campanule gantelée.

Campanule à racine en navets, à fleur bleue. Raiponse.

Campanule de jardin. Doucette.

Elles sont tempérantes et diluantes en décoction et conviennent pour les inflammations de la gorge.

Ancolie. *Aquilegia.* Fleur de la folie. Manchette à la reine.

Fleur polipétale, dissemblable et formant un bouquet de petits cornets assemblés en forme de têtes pendantes. Violet, bleuâtre, brun.

VERTUS

Elle est apéritive, diurétique, emménagogue, détersive et antiseptique pour les ulcères de la bouche ; les graines données en émulsion ou en poudre à la dose de deux grammes, de trois heures en trois heures, font lever la petite vérole ; on fait des pilules d'ancolie qui conviennent dans les maladies des femmes.

Aconit. *Acconitum salutere.* Autora à corolle jaune.

Aconit à corolle bleue. Napel. *Tue-loup.*

Ces plantes représentent par la fleur, la tête d'un homme avec un capuchon, un peu le caractère de l'ancolie.

VERTUS

La première espèce est diaphorétique, sudorifique, alexitère ; la deuxième est un violent poison qui fait enfler le corps qui bientôt devient livide, et le meilleur remède contre ce poison serait l'alcali volatil, comme on l'emploie contre le venin de la vipère.

Mellanthe. *Mélianthus africana.* Fleur miellée.

Fleur à plusieurs pétales dissemblables, calice découpé jusqu'à la base, inégalement, le fruit est une espèce de vessie à trois angles divisée en quatre loges remplies de semences presque rondes.

VERTUS

Elle sert peu en médecine, mais la liqueur qui découle de la fleur est d'un goût vineux et mielleux, elle est cordiale, stomachique et nourrissante.

Pois de merveille. *Corindum.*

Feuilles amples, fruit gros, fleur polipétale, dissemblable, disposée en croix, le fruit ou vessie est divisé en trois loges remplies de semences rondes qui portent l'empreinte d'un cœur.

VERTUS

Est tempérante, adoucissante, mais sert peu.

Ohlendent. *Gramen radice repente.*

Chiendent officinal. Pied de poule. *Gramen dactylon.*

Chiendent. Ivraie. *Gramen spicata longiore.* Zizaine.

VERTUS

La décoction du chiendent est nourrissante et apéritive, diurétique, un peu astringente pour le ventre et elle échauffe peu ; la semence d'ivraie est résolutive, détersive et enivrante ; on l'emploie en décoction pour les ulcères.

Chiendent du Parnasse. *Dodoner, parnassia gramen.*

Caractère des autres chiendents, mais la feuille est marbrée dans sa longueur.

VERTUS

Des autres chiendents.

Roseau de la Passion. Matelasse, liois, *typhea,* quenouille d'eau.

VERTUS

Des roseaux.

Roseau canne. *Arundo vulgaris,* petit roseau de marais.

Roseau, canne de Provence. Roseau des jardins.

Ce dernier vient d'une hauteur de quatre à cinq mètres.

VERTUS

Des chiendents; on se sert des racines du grand roseau sous le nom de canne de Provence, elle sert à faire passer le lait aux nourrices, mais a bien peu de vertus, on l'associe parfois à la pervenche pour cela.

Asperge. *Asparagus sativa.*

VERTUS

La racine est une des cinq grandes apéritives, de même elle est très diurétique et emménagogue et convient dans les embarras des reins et autres viscères; elle rend les urines très fétides et épaisses; on l'emploie dans le sirop de guimauve composé, celui de Fernel, dans la bénédicte laxative; on emploie 50 grammes de suc pour les maladies du cœur et engorgement de la rate, à prendre trois verres dans la journée.

Jonc. Chiendent faux, jonc. *Juncago palustris et vulgaris.*

VERTUS

Des chiendents. Tisane de chiendent nitrée. Ajouter de 1 à 4 grammes de sel de nitre par litre pour faire uriner et transpirer.

Tribule. Croix de chevalier. *Tribulus.*
Fleur en rose, le fruit figure à peu près une croix de Malte et est composé de plusieurs pièces ramassées dans lesquelles se trouvent trois ou quatre niches qui contiennent chacune une semence oblongue.

VERTUS

Le fruit en poudre est apéritif, diurétique, diaphorétique et lithotriptique.

Jonc fleuri. *Butomus.* Roucho. (Grec : *bous,* bœuf; *temnos,* je coupe).
Fleurs roses ou blanches réunies en ombelle, feuilles linéaires qui coupent comme une scie.

VERTUS

Elle est apéritive en décoction. La racine et la semence sont estimées comme diaphorétiques.

Souci d'eau et de marais. Populage. *Calta palustris.*

Caractère du jonc fleuri, avec cette différence que les petites gaines qui portent le fruit sont renversées au dehors.

VERTUS

La décoction est vulnéraire, détersive, astringente.

Saule vulgaire. *Salix alba.*

Saule marsault, gris.

VERTUS

Les chatons en décoction sont rafraîchissants, l'écorce et les feuilles sont de plus astringentes. On en fait prendre la décoction dans les hémorragies, et pour calmer les feux naturels.

Arrête-bœuf. Bugrande ou Bugrane. *Anonis, resta bovis,* à fleur blanche.

Arrête-bœuf visqueuse, grande, à fleur jaune.

Fleur légumineuse, le fruit a la forme d'une petite gousse qui renferme des semences en forme de reins ; les racines sont longues, ligneuses, très fortes et arrêtent quelquefois la charrue, en labourant, d'où lui vient son nom ; ses feuilles ressemblent à la luzerne et à ses tiges sont des épines, mais que lorsqu'elle est fleurie.

VERTUS

Elle est au nombre des cinq petites racines apéritives. La racine, en décoction, est apéritive pour la jaunisse, les pâles couleurs, et diurétique pour la pierre et les feuilles en gargarisme pour le scorbut.

Luzerne. *Medicago major flore purpurascentibus.*

Fleur légumineuse, fruit en tire-bouchon.

Luzerne petite. *Annua trifolii focie. Medicago minor.*

Fruit aplati, mais non en tire-bouchon.

VERTUS

La décoction est diurétique, rafraîchissante et un peu apéritive (la racine).

Haricot. *Phaseolus vulgaris rubra.*

Haricot. *Phaseolus minor*, à fruit blanc, petit haricot.

VERTUS

La décoction est adoucissante, résolutive et

incrassante; la farine en cataplasme est émolliente, résolutive ou suppurative, bonne pour les morsures de chevaux, étant écrasée avec de l'hysope et du beurre frais.

Pois chiche. *Cicer,* pois bécu. *Flore candida vel purpuras centibus et nigra.*

VERTUS

Des haricots, cette semence est celle qui peut le mieux suppléer au café; on les emploie dans le sirop de guimauve composé, celui de Fernel qui sont diurétiques, adoucissants.

Pois carré, *Pisum majus fructu candido,*

Pois blanc à rame.

Pois vert. *Pisum arvense*

Orobe sauvage. *Galega sylvestris purpureo vernus Orobus.*

Fleur légumineuse, silique ronde, feuilles conjuguées terminées par une petite queue, tige de 20 à 30 centimètres.

VERTUS

Les semences en cataplasme sont émollientes, résolutives.

Orobe. *Mochrus eroum verum. Orobus sili-quosa articulatis semine major.*

Orobe à petite semence, ou orobe de Crète.

Fleur légumineuse, silique, ondée de chaque côté, semence ronde comme des pois, feuilles conjuguées.

VERTUS

La semence en décoction s'emploie comme l'orge et est apéritive, diurétique, adoucissante et diaphorétique; elle purifie le sang et augmente le lait des nourrices.

Gesse, jarousse ou jarosse. *Latyrus flore alba.*

VERTUS

La semence passe pour nourrissante, apéri-tive, laxative et aphrodisiaque.

Gesse d'Espagne, à grande fleur. *Latyrus grandi flora.*

Gesse des Parisiens. *Latyrus odoratis.* Pois de senteur.

VERTUS

De la gesse.

Carthame officinal, safran bâtard, chardon rouge, safrané.

Chardon à feuilles alternes, dentées, épineuses, tige raide, rameuse, blanchâtre. Kartam (teinture) mot arabe, parce que les fleurs sont tinctoriales; semences sans aigrettes, tige de 60 à 80 centimètres. Fleurs à fleurons, découpées, soutenues d'un calice écailleux, semences oblongues, tête blanche, épineuse, fleurons rouges, safranés,

VERTUS

La semence passe pour un purgatif hydragogue; elles donnent leur nom aux tablettes Diacarthami; on peut les faire entrer dans les émulsions pour les rendre purgatives.

Chardon à feuille d'acanthe. *Carduus tomentosus.*

Chardon. *Carduus poliacantha vulgaris.*

Chardon à tête ronde, tomenteuse. Chardon aux ânes.

Fleurs à fleurons, calice épineux, semences à aigrettes; le chardon aux ânes est trop connu en disant que c'est lui qui vient le plus dans les blés, à racine traçante et difficile à détruire.

VERTUS

Ces chardons, en décoction, sont diaphorétiques, sudorifiques, très propres pour purifier le sang et sont aussi diurétiques; on emploie aussi les semences et les racines. Le chardon aux ânes est très bon écrasé et mis sur les coupures, pour arrêter le sang et faire guérir promptement.

Peuplier blanc. *Populus alba majoribus foliis.*
Peuplier noir.

VERTUS

L'écorce du peuplier en décoction est diurétique et extérieurement calmante et résolutive pour les brûlures; les yeux du peuplier noir sont propres à amollir, adoucir et calmer; ils donnent leur nom à l'onguent populeum qui est anodin, un peu résolutif pour les vieux ulcères et surtout pour les hémorroïdes dont il est le remède souverain; cet onguent qui se fait avec de la graisse de porc, feuilles de jusquiames, de belladone, morelle et laitue, puis le double de toutes ces feuilles de bourgeons de peuplier et faire cuire.

Artichaut. *Cinara hortensis.*

Artichaut sauvage. *Cinara sylvestris latifo-lia.* cordonnette, cardon d'Espagne.

VERTUS

Ces plantes sont peu employées en médecine, la fleur de la cordonnette peut servir à faire cailler le lait ainsi que celle de l'artichaut, mais celle-ci moindre.

Chardon bulbeux à racine d'asphodèle. *Circium maximum.*

Chardon hémorroïdal. *Circium arvense radice repente.*

Fleur à fleurons soutenus d'un calice écailleux et non épineux, semences à aigrettes, feuilles un peu épineuses.

VERTUS

La décoction est un peu apéritive ; on estime le premier appliqué pour remédier aux varices, et la tête ou l'excroissance du second pour guérir les hémorroïdes, ce qui a été très prouvé.

Chardon bénit, sauvage, épineux. *Cnicus sylvestris hirsutior carduus benedictus.* Grippe-Jésus.

Chardon bénit des Parisiens.

Ces chardons sont à peu près les mêmes, les fleurs sont jaunes, fleurs à fleurons, découpées, soutenues d'un calice écailleux et entourées de feuilles qui forment une espèce de chapiteau que l'on dirait un bouquet garni de feuilles ; graines oblongues, garnies d'aigrettes, grandes feuilles ornées de piquants et pointillées de petits points, feuilles rudes, dans les champs, le long des chemins.

VERTUS

La décoction du chardon bénit est sudorifique et résiste au venin, elle guérit les fièvres intermittentes et tue les vers, on en fait une eau distillée que l'on trouve en pharmacie, et ses feuilles entrent dans l'orviétan, l'eau de lait alexitère, la semence dans la poudre purgative contre la goutte, l'opiat de Salomon, la confection hyacinthe, les sommités dans la tisane amère.

Conise, herbe aux moucherons. *Conisa major vulgaris.*

Fleur à fleuron découpé, calice écailleux, cylindrique, graines longuettes, garnies d'aigrettes.

VERTUS

La décoction est diurétique, emménagogue et carminative à l'extérieur, détersive pour la gale et pour faire mourir les puces et moucherons.

Echinops. Boulette, *major vel minor* (échinops, du grec *herisson*).

Herbe épineuse, à feuilles alternes, découpées profondément, fleurs à fleurons bleus, disposés en rond, chaque fleuron a son calice particulier.

VERTUS

Des cnicus mais moindres.

Scabieuse. *Scabiosa, succisa.* Remords du diable.

Herbe non épineuse, fleurs à fleurons inégaux, semences oblongues surmontées d'une couronne à cinq longues soies.

VERTUS

La décoction ou l'eau distillée est un sudorifique qui convient très bien dans la petite vérole, la lèpre, les fièvres éruptives, l'asthme, la pleurésie, les feuilles entrent dans l'eau de lait alexitère.

Bouleau. *Betula,* arbre de la sagesse.

Fleurs stériles, à chatons.

VERTUS

La décoction de l'écorce est apéritive et résolutive intérieurement et extérieurement, on en tire la sève qui est apéritive à la longue.

Cotula, *flore lutea.*
Fleur jaune, radiée, ou simplement à fleurons quand la couronne manque, calice écailleux, semences plates, coupées en cœur et bordées d'un feuillet dolié.

VERTUS

La décoction est un très bon vulnéraire, détersif, astringent, pour les plaies.

Œil de Bœuf. *Bufalnum* (20 grammes).
Fleur radiée, semences menues, anguleuses, les fleurs qui sont ordinairement velues diffèrent par là de la matricaire et les feuilles sont découpées comme dans la tanaisie en façon de conjugaison, en quoi elle diffère de la camomille et de la pâquerette.

VERTUS

La décoction est émolliente, résolutive et détersive.

Mille-feuilles vulgaire. *Mille folium*. Herbe au charpentier, herbe à la coupure. Saigne-nez (20 à 30 grammes). *Achilée*.

Fleurs radiées, blanches, en ombelle, 30 à 40 centimètres de haut ; le long des chemins, dans les lieux friches.

VERTUS

La décoction et surtout extérieurement est un très bon vulnéraire, astringent, pour les coupures, plaies et ulcères, pilée et appliquée sur une plaie, coupure par exemple, elle en arrête le sang et la guérit très promptement. Elle rappelle les mois et est antihémorroïdale ; en tisane elle calme les nerfs. Enfin, elle est emménagogue, tonique et antispasmodique.

Chrysanthème. *Foliis matricaria*.
Fleurs radiées, semences anguleuses.

VERTUS

La décoction est vulnéraire, apéritive et détersive.

Buis en arbre. *Buxus arboreus*.

VERTUS

Le bois est un très bon sudorifique qu'on peut

et au lieu de gaïac, employer dans les tisanes, on en tire une huile fétide pour les dents.

Mélinet grand. *Cerinthe quorodam major versicolor.*

Fleur monopétale en cloche, le fruit est deux coques rondes divisées en deux loges de semences oblongues, les feuilles sont d'un vert bleuâtre quelquefois mêlé de taches blanches.

VERTUS

L'eau distillée ou la décoction sont rafraîchissantes, un peu astringentes, on l'emploie pour les maladies des yeux (inflammations).

Oircée. Herbe de Saint-Étienne.

Fleur en épi, composée de deux semences plates soutenues d'un calice qui a deux feuilles, fruit de la figure d'une poire, divisé en deux loges remplies de semences oblongues.

VERTUS

La décoction ou le cataplasme est résolutif, détersif et vulnéraire.

Genêt d'Espagne. *Genista punica, Spartium junceum.*

Fleur légumineuse à gousse, arbrisseau tou-

jours vert comme le genêt du pays, mais les
feuilles sont plus rondes, fleurs jaunes comme
celles du genêt commun.

Les fleurs sont apéritives et diurétiques ; on
l'estime en infusion ou en sirop, pour les
humeurs froides ; les boutons, confits au vinaigre, sont stomachiques et empêchent le vomissement.

Ajonc. *Genista spartium, Europeum Ulex,*
genêt épineux.

Du genêt.

Genêt commun, petit, *Genistella herbacea.*
Spargello.

Caractère du genêt dont il ne diffère que par
les feuilles qui naissent les unes des autres et
semblent articulées ensemble.

Du genêt.

Genêt commun. *Cytiso genista scoparia vulgaris flore luteo.*

VERTUS

Du genêt d'Espagne, les fleurs sont purgatives même quelquefois émétiques, une bonne poignée dans un litre d'eau purge très bien un cheval, pour la gourme. On s'en sert dans l'hydropisie, l'asthme, les scrofules et les cendres infusées dans du vin blanc ont quelquefois réussi dans l'hydropisie. La fumée des rameaux verts et reçue sur les engelures leur est excellente pour la guérison.

VERTUS

Soude marine. *Kali folio major.*

Fleur en rose, fruit presque rond, membraneux, rempli de semences contournées en spirale et ordinairement enveloppées des pétales de la fleur.

VERTUS

Goût salé, la décoction ou le suc sont apéritifs, diurétiques dans la gravelle; on en tire un sel purgatif excellent; on en fait une deuxième espèce que l'on nomme soude d'Alicanthe ou soude purifiée, elle donne un sel âcre, fixe et caustique, dont on fait les pierres à cautères, le savon de Marseille et le sel de seignette.

Soude d'Espagne. *Kali Hispanicum.*

Caractère et vertus de la soude marine.

Mouron des petits oiseaux. *Alsine media, Morgeline* (10 grammes).

Fleur en rose, fruit membraneux, à une capsule ronde remplie de semences attachées au placenta.

VERTUS

Le suc ou la décoction est humectante, rafraîchissante et calme l'effervescence du sang dans l'hémorragie et arrête le flux d'hémorroïdes, en calme la douleur appliquée dessus.

Telephium. *Dioscoridis.*

Fleur en rose, fruit triangulaire, semences presque rondes, feuilles alternes sur les tiges.

VERTUS

Le suc ou la décoction rafraîchissent comme le pourpier, à l'extérieur elle est vulnéraire, détersive, consolidante pour les plaies.

Larme de Job. *Lacryma Job.*

Fleur stérile à étamine; le fruit est une coque renfermant une semence grosse comme un petit pois.

VERTUS

La décoction est apéritive dans la gravelle et diurétique; extérieurement détersive.

Gremil, herbe aux perles, thé de marais. *Lithospermum majus erectum.*

Gremil petit, rampant. *Lithospermum minus repens latifolium.*

Fleur monopétale en entonnoir dans laquelle naissent et mûrissent quatre semences presque rondes, blanches, dures, polies, brillantes, feuilles oblongues, famille des borraginées, fleur bleue, racine noire comme les bourraches.

VERTUS

Les semences en poudre ou en décoction sont diurétiques, apéritives, carminatives et emménagogues. Toute la plante, lorsqu'elle est fleurie, se prend en infusion comme le thé pour réparer l'estomac fatigué, dans les gastrites, les douleurs et faiblesses de celui-ci; s'il y avait des aigreurs, y ajouter 5 grammes de bicarbonate de soude ou sel de Vichy par litre de tisane; comme cette plante est pectorale, on peut mettre ce que l'on veut, une poignée ou plus par litre.

Blé noir. Sarrasin. *Fagopium vulgare erectum.*

Fleurs à étamines, blanches.

VERTUS

La semence en décoction est résolutive, un peu apéritive, la farine en cataplasme est émolliente, anodine dans les inflammations des seins des nouvelles accouchées.

Férule. *Ferula femina plinii.*

Fleur en rose et en ombelle, jaune, fruit composé de deux semences enveloppées d'une membrane qu'elles quittent souvent, feuilles très décomposées en lanières, linéaires, flasques, presque semblables à celles du fenouil, mais plus amples.

VERTUS

Les semences en poudre ou en décoction sont carminatives, sudorifiques, de même que la décoction de la moelle qu'on dit aussi bonne pour le mal de tête et arrêter le sang.

Frêne. *Fraxinella exceltior* (20 grammes).

VERTUS

La décoction de la seconde écorce est apéritive et s'emploie dans les maladies de la rate ; boire la décoction et en appliquer le marc dessus pour les fièvres intermittentes ; les feuilles sont aussi bonnes pour les morsures de serpents, qui même n'aiment pas l'ombre de cet arbre ; avaler quatre gouttes d'alcali volatil dans un verre de lait d'heure en heure, quatre fois, boire le suc de la seconde écorce (30 grammes) une demi-heure après l'alcali, trois fois, et appliquer le marc sur les morsures ; les feuilles, les gousses, la seconde écorce sont purgatives, antigoutteuses et antirhumatismales, elles ne donnent pas de tranchées, car elles purgent doucement ; pour couper les fièvres on les met infuser dans le vin blanc, une poignée par litre ; pour le rhumatisme une poignée par litre d'eau avec trois ou quatre feuilles de laurier sauce puis sucrer, une tasse après le repas.

Houx petit, frelon. *Ruscus myrtifolius aculeatus.*

Laurier alexandrin. *Ruscus latifolius fructu folio innoscente.*

Fleur monopétale en grelot, calice découpé,

fruit rond, rempli d'une ou deux semences dures.

VERTUS

La racine en tisane est apéritive et diurétique; on en peut dire autant des baies.

Vrillée. *Convolvulus*, grand liseron (15 à 20 grammes).

Vrillée. *Convolvulus*, petit liseron;

Chou marin. Soldanelle. *Convolvulus maritimus.*

Scammonée. *Convolvulus syriacus scammonia.*

Fleur monopétale en cloche; ces plantes donnent du lait.

VERTUS

La décoction des deux premières est laxative, incisive des phlegmes de la poitrine, pour l'asthme, extérieurement vulnéraire, résolutive, détersive pour les ulcères; les feuilles du chou marin sont hydragogues pour l'hydropisie, le scorbut, le rhumatisme; la quatrième espèce donne la scammonée, sorte de résine qui s'extrait de cette plante et qui est un bon purgatif.

Scammonée de Montpellier. *Periploca Monspesuliara.*

Fleur monopétale découpée en rosette, fruit à deux gaines un peu courbées, qui s'ouvre en mûrissant et laisse paraître une matière laniugineuse sur laquelle sont couchées des semences à aigrettes.

VERTUS

On ne doit pas s'en servir à l'intérieur mais extérieurement en cataplasme, onguent ou emplâtre ; elle est résolutive.

Dompte-venin. *Asclepias flore albo.*

Fleur monopétale en cloche ouverte et découpée, fruit composé de deux gaines membraneuses qui s'ouvrent de haut en bas et sont remplies de semences à aigrettes.

VERTUS

La racine en décoction est sudorifique et par là résiste au venin, elle purifie le sang, elle est aussi emménagogue, apéritive et diurétique pour la pierre. Extérieurement en fomentation, les feuilles ou la fleur sont vulnéraires.

Verveine. Herbe sacrée. *Verbena communis flore ceruleo.*

15.

Fleur monopétale labiée, en épi, semences menues, oblongues, feuille découpée.

VERTUS

En poudre ou en décoction, c'est un bon atténuant, diurétique, apéritif, antispasmodique ; le suc nouvellement tiré est purgatif ; à l'extérieur, et c'est là son principal usage, elle divise les humeurs par la transpiration, c'est de cette façon qu'elle agit en cataplasme dans le point de côté, de la pleurésie ; elle entre dans l'huile de scorpion, qui est résolutive, et dans l'emplâtre de bétoine.

Œnanthe. *Apii folio, philipendula Monspenularia.* Filipendule de Montpellier.

Fleur en rose et en ombelle, fruit composé de deux semences oblongues cannelées, plates du côté où elles se touchent, garnies à leur extrémité d'en haut de plusieurs pointes, les racines comme des navets suspendus par des fibres.

VERTUS

La décoction est apéritive pour la gravelle, et est aussi carminative, on l'emploie pour les hémorroïdes ; il y a une espèce d'œnanthe à feuille de cerfeuil qui est un violent poison ; il faut y faire beaucoup attention.

Pied d'oiseau. *Ornitopodium majus.*
Fleur légumineuse, fruit en gousse, courbé en faucille, composé de plusieurs pièces attachées bout à bout, il y a dans chaque pièce une semence ronde ; ces gousses naissent plusieurs ensemble et représentent les serres d'un oiseau.

VERTUS

La décoction est apéritive et diurétique pour la pierre.

Extérieurement elle peut servir comme calmant pour la hernie.

Sainfoin d'Espagne. *Hedysarum flore sudoitere rubente.*
Caractère du pied d'oiseau, mais les graines sont en forme de rein, les gousses ne sont pas plusieurs ensemble et les fleurs sont en épis.

VERTUS

La plante en décoction ou les fleurs en infusion sont incisives et apéritives. Extérieurement elle est vulnéraire et détersive.

Sainfoin d'Espagne, grand, jaune. *Securidaca lutea major.*

Caractère du pied d'oiseau, gousse longue, plate, semence de figure rhomboïdale. Grataegus.

VERTUS

Les semences en poudre ou en décoction sont stomachiques, apéritives, diaphorétiques pour purifier le sang.

Alkekenge. Coqueret. L'amour en cage. *Alkekengi officinarum.*

Fleur monopétale en rosette découpée, fruit mou, rond, rouge et gros comme une cerise enfermée dans une membrane ou vessie rose, les semences dans cette cerise ou plutôt une baie molle sont plates, elle croît dans les vignobles, les feuilles naissent opposées, assez semblables à celles de la morelle, mais plus grandes et non crénelées. On rapporte que ce fruit a la singulière propriété de devenir amer dès que la main y a touché, et n'est acide que quand on peut l'avaler sans y toucher. Parabole, sans doute, qui veut dire qu'il n'est jamais pris trop frais cueilli.

VERTUS

Les fruits en décoction ou entiers sont d'excellents diurétiques dans la colique néphrétique et pour les hydropiques, le vin d'alkekenge, à la dose de 100 à 160 grammes tous les matins, est très utile à ceux qui ont la gravelle; on met quatre parties de raisins et une d'alkekenge, quatre ou cinq de ces fruits, dans la colique néphrétique, étant avalés en substance, soulagent très bien. On peut se servir de toute la plante en en tirant une eau distillée. Les fruits entrent dans le sirop de guimauve et de chicorée composé.

Cerisier cultivé, fruit rond, rouge, acide, commun.

Cerisier à fruit acide, noir.

Cerisier grand, sauvage ou mérisier.

Cerisier rameux, sauvage ou bois de Sainte-Lucie.

VERTUS

Les cerises sont laxatives et très saines pourvu qu'elles soient bien mûres. Les mérises sont antispasmodiques, diaphorétiques, les noyaux sont de bons diurétiques ainsi que les queues de cerises, une pincée par tasse, elles sont très employées en médecine pour dégager les reins. La gomme est aussi diurétique pour la pierre et extérieurement on l'emploie pour la grattelle, les dartres, dissoute dans l'eau ; le bois de Sainte-Lucie est sudorifique, mais sert peu.

Phalange. *Phalangium flore parvo non ramosum.*

Fleur en lys, fruit rond, divisé en trois loges et rempli de semences anguleuses, fleur petite en grappe lâche.

VERTUS

Toutes les espèces de phalanges sont estimées en décoction ou en infusion dans le vin pour les morsures d'animaux venimeux, intérieurement ou extérieurement.

Ornitogalum. *Umbellatum medium augustifolium.*

Caractère du phalangium dont il ne diffère que par les racines bulbeuses et ses semences presque rondes comme le fruit en grappe.

VERTUS

La racine est incisive des phlegmes de la poiirine, adoucissante et diurétique, on la prend en décoction ou en substance.

Saniole à éperon. Grassette. *Pinguicula generi.*
Fleur monopétale, anomale, semblable à celle de la violette, coupée en deux lèvres et terminée en un long éperon, le pistil se change en une coque qui s'ouvre en deux et laisse paraître des semences attachées au placenta.

VERTUS

Ecrasée et mêlée avec du beurre frais, elle est excellente pour déterger et consolider les plaies.

Scrophulaire grande. *Scrophularia nodosu fetida.*
Scrophulaire aquatique, grande herbe du siège.
Fleur monopétale, à 4 ou 5 lobes, en deux lèvres sous celle d'en bas, il y a deux petites feuilles, fruit rond, capsulaire, terminé en pointe, divisé en deux loges remplies de semences menues.

VERTUS

Ces deux plantes, la première particulièrement, en onguent, emplâtre, cataplasme ou fomentation, sont d'excellents résolutifs pour les maladies d'épaississement de la lymphe, telle que la scrofule ; elle est aussi vulnéraire et entre dans le diabotanum, l'eau vulnéraire ; la racine pour l'eau générale et le mondicatif d'ache, car elles sont aussi détersives.

Laiteron doux, palais de lièvre, large. Souchu, lascinié.

Laiteron épineux. Souchu non lascinié.

Fleur à demi-fleuron, semence à aigrette, tige creuse.

VERTUS

Ces plantes donnent du lait et sont rafraîchissantes, humectantes, un peu apéritives pour les inflammations du foie et de la poitrine, comme de l'estomac. Elles sont très bonnes pour purifier le sang, on peut donner le suc ou la décoction, aposème tempérant. Elles ne sont pas tant employées qu'elles le méritent.

Scorsonère. Salsifis d'Espagne. *Scorzonera latifolia sinuata.*

Fleur à demi-fleurons, jaunes, semences à aigrette.

VERTUS

La racine est un très bon sudorifique, en décoction, usitée dans toutes les fièvres éruptives, la petite vérole, les maladies de la peau, pour la morsure d'animaux venimeux, on peut donner le suc.

Salsifis des prés ou des jardins. *Tragopogon pratense luteo, aut rosea.*

VERTUS

De la scorsonère, mais moindres, les feuilles à l'extérieur sont vulnéraires et consolidantes.

Réséda, vulgaire, herbe au Maure. Fleur polipétale, dissemblable, capsule membraneuse, à trois angles, remplie de semences presque rondes.

VERTUS

La décoction est apéritive et vulnéraire, résolutive en fomentation, elle a en même temps quelque chose d'adoucissant qui convient beaucoup pour résoudre et calmer les douleurs d'hémorroïdes et du sein.

Lutéole, grande, herbe à jaunir. *Luteola.* Caractère du réséda.

VERTUS

La décoction de la racine est apéritive, le suc de la plante est diaphorétique et résiste au venin; on l'applique écrasée autour du bras pour chasser la fièvre dans son paroxisme.

Rhagadiolus alter. *Hieraclium foliatum sive stellatum.*

Herbe aux rhagades (rhagade, sorte de gerçure).

Fleur à fleurons lesquels deviennent de petites graines disposées en étoiles qui renferment une semence longue et pointue.

VERTUS

La décoction est apéritive et diurétique extérieurement et détersive pour les gerçures.

Scolynus. *Crhysanthemos.* Épine jaune ou éringium jaune de Montpellier.

Fleur à demi-fleuron soutenu d'un calice écailleux, séparé par une petite feuille à laquelle est ensuite attachée une semence.

VERTUS

La décoction est apéritive, on la dit aussi anti-aphrodisiaque.

Oupidone. Condrille jaune. *Calance quorodam.*

Caractère de l'épine jaune, herbe à feuilles
radicales, capitule à fleur ligulée, le haut des
semences est feuillu.

VERTUS

La racine en décoction est apéritive, extérieurement dessiccative et vulnéraire pour les ulcères.

(Les anciens s'en servaient pour leur philtre
amoureux.)

Ormeau. *Ulmus.* Orme.

VERTUS

L'écorce, 'es feuilles en fomentation, sont
émollientes et résolutives pour les tumeurs,
vulnéraires et consolidantes et un peu détersives pour les plaies et ulcères.

Chèvrefeuille. *Caprifolium germanicum.*
Chèvrefeuille de Virginie. *Periclymenum,
semper virens.*

VERTUS

Il est apéritif, incisif des glutinosités pour
l'asthme, les toux opiniâtres, les affections de la
rate ; on en fait un sirop des fleurs du premier.

Extérieurement, c'est un vulnéraire détersif, dessiccatif pour les vieux ulcères et pour ôter les taches du visage; on en fait un sirop pour les dartres et les démangeaisons de la peau et on en fait entrer dans les errhins.

Tamaris. *Tamariscus germanica* (d'Allemagne).

Tamaris Gallica. Tamarix de Narbonne.

Arbrisseau de 5 à 6 mètres, feuilles très petites, fleurs disposées en panicules et en rose, fruit semblable à celui du saule, semences à aigrettes.

VERTUS

Toute la plante en décoction ou en poudre est un très bon apéritif, incisif, emménagogue. On en tire par la calcination un sel qui a ces propriétés. Extérieurement, elles sont résolutives; l'écorce et les feuilles sont un des ingrédients de l'huile de caprier, qui est résolutive.

Similax. *Aspera fructu rubente.*
Fleur en rose, fruit ou baie presque ronde, pleine d'une semence ronde ou ovale.

VERTUS

Elle est diaphorétique, alexitère, pour purifier

lo sang; l'eau distillée est employée pour les potions.

Turritis.
Fleur en croix, fruit ou gousse aplatie, remplie de semences, menues, rougeâtres.

VERTUS

Les semences sont incisives, carminatives, sudorifiques; on peut l'employer dans lo vin, pour le scorbut et diviser les glaires.

Raisin de renard, des bois. Airelle. Myrtille. *Myrtillus herba. Paris.*
Fleur en croix, fruit mou, rond, divisé en quatre loges remplies de semences oblongues.

VERTUS

Les fruits ou feuilles sont rafraîchissants en décoction et résolutifs; la baie est particulièrement estimée contre la peste et les maladies contagieuses, on applique les feuilles sur les bubons pestilentiels.

Bruyère. *Erica vulgaris glabra.*
Fleur monopétale rose.

VERTUS

Les fleurs et les feuilles en décoction sont apéritives, diurétiques et diaphorétiques pour résister au venin.

Sureau, *Sambuscus arborea fructu nigro* (fleur sèche, 5 grammes).

Hièble. *Sambuscus minor et imbellata sive ebulus.* Heuble.

VERTUS

La seconde écorce du sureau en arbre infusée dans l'eau, le lait ou même trempée dans l'eau-de-vie pendant vingt-quatre heures, une pincée pour un petit verre, est un purgatif hydragogue et drastique qu'on emploie souvent surtout pour l'hydropisie, ou bien que l'on ait besoin de tirer beaucoup d'humeur, agissant à peu près comme l'eau-de-vie allemande. Cette écorce bouillie avec de l'huile fait un très bon liniment anodin pour les brûlures ; les fleurs en cataplasme sont résolutives, anodines pour les tumeurs, ainsi que pour les maux d'yeux, lorsqu'il y a irritation ; à l'intérieur une poignée bouillie ou infusée seulement est sudorifique et anodine, n'irritant pas l'estomac surtout si elle est infusée

dans le lait, c'est alors qu'elle est très utile pour
faire transpirer. Les baies, qu'on appelle *grana
actes*, dont on fait un rob ou de petits gâteaux
avec la farine de seigle, sont fort bonnes dans
la dysenterie ; de même le suc extrait du fruit
mûr étant mis en bouteille pour le conserver,
car il se conserve comme le vin, est excellent
pour la colique à la dose d'une cuillerée ou
deux. Les feuilles amorties au feu et appliquées
font un très bon résolutif dans la goutte sciatique, le rhumatisme, pour en calmer la douleur, pour la paralysie, en ranimer les nerfs.

On fait encore entrer les fleurs de sureau dans
une piquette hygiénique avec des baies de
genièvre, de l'orge et des raisins secs. On ne se
sert pas ou presque pas de l'hièble.

Houx grand. *Ilex aquifolium* (du celtique ac,
pointu).

Fleur monopétale en rosette, feuilles piquan-
tes, toujours vertes.

L'écorce et la racine sont adoucissantes en
décoction, incisives des glutinosités et conviennent dans les toux rebelles et invétérées ; on
fait avec la seconde écorce du houx une très

bonne glu servant un peu en médecine pour consolider les pansements de plaies.

Cytise, faux ébénier. *Cytisus alpinus. Laburnum latifolio.*

Fleur légumineuse, jaune, assez semblable à la fleur de l'acacia de nos contrées, mais jaune d'or ; écorce verte, feuilles trois à trois sur le même pédoncule.

VERTUS

Les fleurs en infusion passent pour être apéritives et diurétiques, mais servent peu.

Sceau de Notre-Dame. *Vitis nigra,* racine vierge. *Tamnus racemosa.*

Fleur petite, monopétale, d'un jaune pâle, en cloche ouverte et découpée, fruit ou baie presque ovale, recouverte d'une coiffe membraneuse et remplie de semences rondes, elle porte des vrilles.

VERTUS

La racine en poudre, ou en décoction est un purgatif hydragogue, diurétique et apéritif. Extérieurement, en cataplasme, est résolutive pour les tumeurs.

Aster. *Conise* des prés, *petite conise.*

Fleur radiée, violette ou blanche, à disque jaune en corymbe, paniculée, feuilles lancéolées et découpées. (Voir au mot aster).

Chardon étoilé. Chausse-trappe. *Cardus stellaris.*

Chardon étoilé. *Luteus.*

Fleur jaune à fleurons découpés, calice écailleux et épineux, semences à aigrettes.

VERTUS

La racine en décoction est apéritive, diurétique, dans les embarras du rein, l'eau distillée ou la décoction des feuilles est sudorifique et purifie le sang.

Azedarach. Arbre venant des Indes.

Fleur en rose, fruit mou, rond, renfermant un osselet qui contient plusieurs noyaux dans plusieurs loges.

VERTUS

Les fleurs et infusion passent pour apéritives, mais le fruit est un poison indigeste. Extérieurement, on s'en sert pour faire mourir les poux et faire croître les cheveux.

Palivre. *Paliurus.*

Caractère de l'azedarach, excepté que le fruit est en forme de bouclier.

VERTUS

On se sert quelquefois des feuilles et des racines en décoction, comme astringent; la semence est diurétique, adoucissante, très propre dans les affections des reins, la pierre, et sert en poudre comme en décoction.

Perce-pierre. *Alchemilla montana.*

Fleur à étamines, fruit enfermé dans le calice de la fleur qui lui sert de capsule.

VERTUS

La décoction passe pour être apéritive, diurétique, même lithotriptique; on peut employer le suc.

Coronille. Fer à cheval. *Coronilla minima.*

Fleur légumineuse, silique composée de plusieurs pièces qui paraissent articulées et qui renferment chacune une semence oblongue.

VERTUS

On emploie la fleur comme celle du Mélilot

pour résoudre, amollir, dans les lavements, fomentations, cataplasmes, etc.

Lotus pentaphiloïde. *Siliquosus villosus*. Tréfle hémorroïdal.

Fleur légumineuse, silique divisée par une membrane en plusieurs loges rémplies de semences oblongues ; les feuilles sont de trois à trois, à la naissance du pédicule, elles ont deux petites feuilles ou ailes.

VERTUS

La décoction est résolutive, un peu émolliente, on l'estime pour adoucir les hémorroïdes, en fomentation ou en cataplasme.

Kakile maritime, à feuille ample. *Kakilla*.

Fleur en croix, coque remplie de semences menues.

VERTUS

Le suc, par infusion, est incisif, on peut le mettre parmi les meilleurs antiscorbutiques.

Datura. Pomme épineuse. *Stramonium*. Stramoine.

Fleur en entonnoir, découpée, d'un blanc jaunâtre, fruit orné de pointes, gros comme une noix.

VERTUS

Cette plante est un violent poison, dont les contrepoisons sont les cordiaux, les esprits volatils, il n'est pas même prudent de s'en servir en lavement, mais la fumée des feuilles, respirée, soulage beaucoup dans l'asthme, au moment de l'accès ; on peut faire entrer le suc des feuilles dans les onguents, emplâtres, en petite quantité, pour résoudre et calmer les douleurs dans les brûlures, les cancers, les fistules et les hémorroïdes.

Gui. *A fructu molli e folio oblongo.*

Le gui est une plante parasite, qui vient sur beaucoup d'arbres et même des arbustes, tels que chênes, peupliers, pommiers, pruniers, épine blanche, etc. ; son fruit ou baie est mou, rond, transparent, qui contient une liqueur ou plutôt une gelée visqueuse dont on peut faire de la glu par évaporation; les feuilles sont toujours vertes, jaunâtres, lancéolées.

VERTUS

On emploie guère cette plante que pour faire

de la glu; on prend la seconde écorce, puis on la met pourrir pendant 15 jours dans du fumier, cette écorce devient visqueuse et après l'avoir bien lavée à l'eau courante pour la débarrasser de ses impuretés, on a une bonne glu pour s'en servir; on peut faire de même avec l'écorce du grand houx.

DANS UN BUT HUMANITAIRE

Nous donnons avis aux personnes qui possèderaient des secrets éprouvés de guérison de bien vouloir nous l'écrire et alors nous les mettrons en communication avec les malades qui désireraient connaître les personnes possédant ces secrets, la plus grande discrétion leur étant acquise.

De même, les malades qui désireraient connaître les personnes possédant le secret de leur guérison peuvent nous écrire, nous les mettrons en communication avec ces personnes par notre intermédiaire.

Ne pas oublier un timbre de 15 centimes pour frais et réponse.

Toute lettre non affranchie est rigoureusement refusée.

TABLE DES MATIÈRES

Abies.		Alisma.	126
Abricotier.	61	Aloès.	158
Absinthe.	157	Alésine.	
— petite.	157	Althea.	
Abutilon.	29	Alysson.	
Acacia.	62	Amandier.	32
— étranger.	304	Amaranthe.	264
Acajou.	71	Ambrette.	
Ache.		Ambroisie.	80
— de marais.	324	— sauvage.	
— de montagne.	81	Amôme.	131
Achante.	31	Ammoniaque gomme.	148
Achillée,		Anacarde.	132
— de montagne.	200	Anagalis.	
Aconit.	333	Ancolie.	333
Acorus.		Androsace.	
Adonide.		Anemone.	220
Adraganthe gomme.		Anet.	126
Agaric.	305	Angélique.	80
Agnus castus.	219	Anime.	147
Agripaume.		Animi.	
Aigremoine	202	Anis.	132
— odorante.	203	Aouara.	71
Aiguille de Vénus.		Apparine.	330
Ail.	217	Arbousier.	288
Airelle.		Arbre de Judas.	299
Ajonc.	350	Arrête-bœuf.	338
Alaterne.	286	Argemone.	197
Alcée.	30	Argentine.	271
Alisier.	295	Arisarum.	225
Alkimilia.		Aristoloche.	159
— montana.	263	Armoise.	82
Alkekenge.	360	Arnica.	126
Alleluia.	290	Arroche.	36
Alliaire.	218	Artichaut.	344

Artichaut sauvage. 314
Arum. 224
Arum.
Arundo.
Asclepias·
Aspalat. 207
Asperge. 336
Asphodèle. 59
　　　— blanche.
Aspic.
Assa fœtida. 151
Aster. 161
　— des prés.
Astragale. 34
Aubépine. 279
Aubifoin.
Aubergine.
Aune. 268
Aunée.
Auronne. 78
Authora.
Avelinier.
Avoine. 61
Azedarach. 373
Azerolier. 279

B

Bacille.
Baguenaudier. 190
Balaustier. 283
Balotte. 90
Balsamine. 198
Barbe de chèvre. 118
Barbellée.
Bardane. 317
Basilic. 104
Baume du Canada. 153
　　— de copahu. 153
　　— de Judée. 155

Baume du Pérou. 153
　　— de Tolu.
Bécabunga.
Bec de grue.
Bec de pigeon.
Bedellium. 150
Behem blanc. 288
　　— rouge.
Belladone. 195
Benjoin. 141
Benoîte. 112
Berle. 326
Bette. 86
Bétoine. 92
　　— de montagne.
Bien blanc.
Bistorte. 269
Blataire. 162
Blé. 63
　— de Turquie.
Bluet. 291
Bois d'aigle. 140
　— saint
　— d'aloès. 207
　— de fer. 302
　— gentil. 226
　— néphrétique. 207
　— de rose.
　— de Sainte-Lucie.
Bon Henri
Botris. 38
Boucage.
Bouillon. 35
　　　— blanc. 35
Bouleau. 346
Boulette.
Bourdaine. 175
Bourrache, 44
Bourse à Pasteur. 275

Bourg-épine.		Carrhagaheen.	70
Bouton d'or.		Carthame.	342
Branc-ursine.	125	Cascarille.	210
Bruyère.	369	Casse.	72
Brunelle.	273	Casse-lunette.	
Bryonne.	242	Cassemunier.	211
Bugle.		Cassialigna.	
Buglose.	41	Cassis.	
Bugrande.		Castiller.	
Buis.	348	Cataire.	
Buisson ardent.	278	Catanance.	
Bulbocastanum.		Catapuce.	224
Butomus.		Caucalis.	228
C		Céléri	324
		Centaurée.	104
Cabaret.	230	Centinode.	
Cacao.	72	Cerfeuil	322
Cachou.	213	Cerisier.	361
Café.	123	Cevadille.	256
Caille-lait.		Chamœnerion	277
Calambour.		Chanvre.	163
Calébasse.	67	Chapeau d'évêque.	
Cameline.		Chardon-Marie.	311
Camœlée.	226	— aux ânes.	342
Camomille.	121	— bénit.	314
Campanule.	332	— bonnetier.	
Camphorée.	111	— bulbeux.	344
Camphre.	141	— étoilé.	373
Cannelle.	134	— à foulon.	316
Canne d'Inde.	259	— hémorroïdal.	314
— à sucre.	71	— tomenteux.	312
Capillaire.	306	— roulant.	330
Capucine.	241	Châtaigner.	272
Caragne gomme.	147	Chelidoine.	215
Cardamone	131	— petite.	
Cardon d'Espagne.		Chêne.	
Carline.	127	Chêne vert.	272
Carotte.	325	Chenillée.	38
Caroubier.	58	Cherrui.	326

Chèvrefeuille, 367
Chicorée. 168
— sauvage. 169
Chiendent. 314
Choux. 237
— marin. 316
Chrysanthème 348
— des Apes.
Christe marine.
Ciboule. 228
Ciguë. 246
Cimbalaire. 190
Cinara.
Cinorrhodon.
Circée. 349
Citronnelle.
Citronnier. 108
Citrouille.
Clématite.
Clou de girofle.
Coca. 71
Cochléaria. 235
Cognassier. 295
Colchique. 232
Coloquinte. 168
Cotulea.
Cotylédon.
Concombre. 67
— sauvage.
Condrille.
Conise. 315
— des prés.
Consoude. 281
Contrayerva. 261
Copahu. 153
Copal. 114
Coque. 205
— du Levant. 255
Coquelicot.

Coquelourde. 280
Corail.
Coriandre. 196
Corne de cerf. 261
— d'eau.
Corneille. 276
Cormier. 294
Cornouiller. 278
Coronille. 371
Cortex. 137
Costus. 211
Cotonaire.
Coton. 73
Coucou
Coudrier.
Couronne impériale. 50
Couleuvrée.
Cousso. 262
Crainbé.
Crapaudine.
Cresson.
Croisette. 281
Cubèbe. 265
Cumin.
Cupidone.
Curcuma. 211
Cyclamen. 331
Cynoglosse. 41
Cyprès. 270
Cytise. 372

D

Dattes. 13
Datura. 375
Daucus de Crète.
Daucus faux.
Dent de lion. 292
Dentelaire. 210
Dictame blanc.

Dictame de Crète.   98
Digitale,   174
Dompte-venin.   337
Doronic.   426
Double feuille,   317
Doucette,
Douce amère.   104
Drané.   235

E

Ébénier.
Échalote.   228
Echinops.   346
Echium.   41
Eclaire.
Ecuelle d'eau.
Eglantier.
Elémi.   116
Encens,   143
Epi d'eau.   51
Epi fleuri.   54
Epimédium,   47
Epinard.   38
Epine blanche.
—   jaune.
—   noire.
—   vinette.   282
Epurge.
Equisetum,
Erable.   268
Erisymum.   239
Erpiole.
Eruca.
Estragon.   78
Esule.   223
Eupatoire.   63
—   femelle.
—   des Grecs.
—   de Messué.

Euphorbe gomme.   258
Euphorbes.
Euphraise.   269

F

Fenouil doux.   123
       marin,
—   de porc.
Fenugrec.   68
Fer à cheval.   294
Fer à cheval.
Ferule.   354
Fève de marais.   297
—   épaisse.
—   d Egypte.
—   purgative.   257
—   Saint-Ignace.
Fiajouc.   184
Figuier.   57
Filago.   263
Filipendule.   319
Flamme.
Foliole.
Folette.
Fougère mâle.   308
—   fleurie.
Fraisier.   310
Framboisier.   40
Fraxinelle.   98
Frelon.
Frène.   354
Froment.
Fucus
Fumeterre.   176
Fusain.   222

G

Galac.   259
Galbanum.   152

Galéga. 177
Gallium. 123
Garance. 192
— petite.
Garou. 226
Gaude.
Genêt. 349
— d'Espagne,
— épineux.
Genévrier. 113
Gentiane. 177
Géranium. 264
Germandrée. 165
— d'eau.
Gesse. 341
— d'Espagne.
Gerum.
Giroflée. 129
Giroflier. 134
Glaycul. 253
Globulaire. 316
Goëmon.
Gomme ammoniaque. 258
— adraganthe. 74
— arabique. 74
— caragne.
— lacque.
— séraphique.
Gouet.
Gratteron.
Gratiole.
Gremil. 42
Grenadier. 283
— petit.
Groseillier. 298
Guesde. 182
Gui. 376
Guimauve. 18

H

Haricot. 339
Hellebore. 200
Helianthème. 205
Herniole.
Hépatique. 301
— des bois,
— des fontaines,
Herbe aux ânes.
— Saint-Antoine.
— blanche.
— Sainte-Barbe.
— charpentier.
— Chantre.
Herbe au chat
— saint Christophe,
— à coton.
— aux écus.
— à éternuer.
— saint Étienne.
— aux gueux.
— à jaunir.
— au Maure.
— aux maux, cent.
— aux mites.
— aux moucherons.
— au nombril.
— aux perles.
— aux puces.
— aux rhagades.
— à Robert,
— sacrée.
— du siège.
— du soleil.
— au teigneux.
— aux verrues.
— aux vipères.
— vineuse.
Herbit.

Hermodactes   75
Herniole.
Hêtre.   297
Hièble   370
Houblon.   182
Houx.   355
—   petit.
Hydrocotyle.   330
Hypécacuanha.   212
Hysope.   112
—   des gariques.

I

Immortelle.   203
—   maritime.
Imperatoire.   80
Impériale (couronne).
Ipécacuanha.
Isatis.
Iveti.   117
Ivraie.

J

Jacinthe.   50
Jacobée.
Jarousse.
Jasmin.   110
Jiroflée jaune.
Jonc chiendent.   300
—   d'eau.
—   fleuri.
—   noué.
—   odorant.   138
Joubarbe.   320
Julienne.   219
Jujube.   73
Jusquiame.   45

K

Kali.

Kakile.   375
Ketmia.
Kmorrodon.

L

Labdanum.   145
Lacque.   147
Laiteron.   364
Lampsane.   169
Langue de cerf.   309
—   de chien.
—   de serpent.   310
Larme de Job.   352
Lauréole.   225
Laurier rose.   101
—   alexandrin.
—   cerise.
—   sauce.
Lavande.   114
Lazer.   193
Lentille.   296
Lentisque.   254
—   du Pérou.
Libanotis.
—   noir.
Lichen.   307
Liège.   303
Lierre.   93
—   terrestre.
Lilas   299
Limonier.
Lin.   50
—   sauvage.
Linaire.
Liquidambar.   152
Lis.   49
—   de saint Bruno.
—   des vallées.
Liseron.

Lonchites.	
Lotus.	375
— velu.	
— en arbre.	
Lotier.	
Lunaire.	236
Lupin.	174
Luteole.	305
Luzerne.	339
Lychnis.	181

M

Maceron.	343
Maïs.	65
Mandragore.	
Manne.	75
Marcol.	
Marguerite.	249
— petite.	
Marjolaine.	106
Maroute.	
Marronnier.	233
— d'Inde.	
Marrube.	89
Marum.	167
Mastic.	144
Matricaire.	87
Mauve.	29
Méchoacan.	261
Médaille.	
Méliante.	334
Mélilot.	140
Mélinet.	349
Mélisse.	88
Melon.	67
Melongène.	108
Menyanthe.	
Menthe.	99
Mercuriale.	39

Merisier.	
Meum.	188
— des Alpes.	[illegible]
Miagrum.	[illegible]
Michel (Saint-).	
Micocoulier.	[illegible]
Mille feuilles.	818
— graines.	
— pertuis.	313
Millet.	[illegible]
Myrobolan.	301
Miseron.	
Molène.	
Molle.	355
Moluque.	
Momordiqua.	
Monnaie du pape.	
Morelle	[illegible]
Moutarde.	[illegible]
Mouron	[illegible]
— des oiseaux.	[illegible]
Mousse de Corse.	[illegible]
Mufle de veau.	[illegible]
Muguet.	[illegible]
Mûrier.	[illegible]
Muschari.	[illegible]
Myosotis.	[illegible]
Myrthe.	[illegible]
Myrtille.	[illegible]
Myrrhe.	[illegible]

N

Narcisse.	[illegible]
Nard.	[illegible]
— sauvage.	
Navet.	[illegible]
Nénuphar.	[illegible]
Néflier.	[illegible]
Nérion.	

Nerprun.	181	Ortie morte.	269
Nicotiane.		— blanche.	
Nielle.	130	Orvale.	
Noisetier.	290	Oseille.	318
Noix d'ébène.	72	Ouillette.	65
— vomique.	256	Osmonde.	309
Nombril de Vénus.		Oxis.	280
Noyer.	203		
Nummulaire.	276	**P**	
		Pain à coucou.	
O		— de pourceau.	
Ochrus.	288	Pâle fleur.	184
Œil de bœuf.	347	Palivre.	374
— du Christ.		Pambotano.	216
Œillet rouge.	111	Panais.	318
Odante.	358	Panicaut	
Oignon.	238	Pâquerette.	282
— musqué.		— petite.	
Olivier.	56	Parela brava.	302
Ombilic de terre.		Parelle.	266
Opoponax.	151	Pariétaire.	54
Oranger.	107	Pas-d'âne.	
Orcanette.		Passerage.	235
Orchis.	187	— grande.	
Oreille d'ours.	274	Passerose.	
— d'homme.		Pastenade.	
— de lièvre.		Passe-velours.	
— de souris.		Pastel.	
— de rat.		Patte de loup.	
Orge.	64	Patience.	170
Origan.	96	Pavot.	178
Orme.	307	— épineux.	
Orobe.	340	— cornu.	
Orpin.	183	Pêcher.	172
Ornithogalum.	362	Peigne de Vénus.	315
— moyen.		Pensée.	37
— umbellatum.		Perce-feuille.	248
Orpin.	321	— mousse.	
Orge grièche.	267	— neige.	

Perce-bosse.
— pierre marine. 374
— de montagne
Persil. 248
— de bouc. 323
— de marais.
— de montagne. 327
— laiteux.
Persicaire. 243
Pervenche. 285
Pétasites. 186
Petit chêne.
Peuplier. 313
Phalangium. 362
Philirea. 286
Pied d'alouette. 247
— de chat. 67
— de griffon.
— lièvre.
— lion.
— d'oiseau. 359
— de veau.
Pignons d'Inde. 257
Pilosèle.
Piment
Pimprenelle. 312
Pin.
Pissenlit. 170
Pistache. 73
Pivoine mâle. 155
— femelle.
Pituitaire.
Plantain. 235
Poirier. 293
Pois.
— de merveille. 334
Poivrier. 255
— d'eau.
— d'Inde.

Poivrier du Pérou.
Poligala. 173
Polipode. 308
Politric.
Pomme épineuse. 61
— de merveille. 100
Populage.
Porreau. 88
Pouliot
Pourpier. 162
Prend main.
— petit.
Primevère. 105
Prunellier.
Prunier. 69
Ptarmica. 231
Pulmonaire.
— des chênes.
— des fontaines.
Punica.
Pyrèthre. 220
— de Canarie. 281
Pyrole. 283

Q

Quercus.
Queue de cheval.
— de pourceau.
Quinquina
Quinte feuille.
Quinine.

R

Racine indienne.
— de Ste-Hélène.
— Vierge.
Radis.
Raifort.
— sauvage.

Raifort aquatique. 237
Raiponse.
Raisin de mer. 298
— de renard. 369
Ramberge.
Râtelaine.
Rave. 210
Réglisse. 53
Reine des prés.
Renouée. 284
— argentée.
Remords du diable.
Renoncule. 220
Réséda. 363
Résice.
Réveille-matin. 223
Rhubarbe. 180
Ricin. 214
Hièble.
Riz 76
Rocambole. 220
Romarin. 05
Ronce. 40
Roquette. 237
Roseau. 208
— amer.
— de la Passion. 335
Robier. 265
Rose de Jéricho.
— trémière.
Rouche.
Rossolis. 57
Rue, 83
— des prés.
Ruta muraria. 199

S

Sabine. 250
Safran. 99

Safran bâtard. 99
Saigne-nez. 318
Sainfoin. 315
— d'Espagne.
Salicaire. 278
Sandarach.
Sanguin. 278
Sang dragon. 303
Sangnitte.
Sanicle. 274
— des Alpes.
— à éperon.
— de montagne.
Sapin. 68
Salsepareille. 136
Santoline. 78
Santal. 302
Saponaire. 205
Sarrasin.
Sarcocole 75
Sarriette. 118
Sarrette.
Sassafras. 140
Sauge. 116
— sauvage.
Saule. 338
Saumière.
Sauvevie.
Saxifrage. 311
Scabieuse. 346
Scarole.
Scammonée. 258
— de Montpellier.
Scandix.
S'eau de Notre-Dame. 372
Scéau de Salomon. 292
Scille. 217
Scolymne. 366
Scolopendre.

Scorsonère. 284
Scrophulaire. 263
Sébeste. 73
Seclarée.
Securidaca.
Sedum.
Seigle. 63
Semen-contra. 275
Séné. 189
Seneçon. 200
— grand.
Senegrain.
Sénevé.
Serpentaire. 224
Serpoulet, 110
Seseli.
Silène.
Simarouba. 213
Simalax, 368
Sinapi.
Sophia.
Solanum.
Soldanelle.
Soleil. 296
Sorbier.
Souchu. 127
— rond.
— sultan.
Souci. 337
— d'eau.
Soude. 351
Spicanard. 138
Squine. 202
Staphisaigre.
Stachis. 91
Statice. 287
Stœchas. 109
— immortelle.
Stramonium,

Styrax. 150
Sucise.
Sucre.
Sumac.
Sureau.
Syringa.

T

Tabac.
Tabouret.
Tacamaque.
Talictron.
— des boutiques.
Tamarin.
Tanaisie.
Tapciæ.
Tapcie.
Topinambour,
Telephium.
Térébenthine.
Terrelle.
Terra merita.
Terre noire.
Tetrahit.
Teucrium.
Thé.
— de marais.
Thym.
Thisselinum.
— plini.
Thuya.
Thus.
Tilleul.
Titimales.
Thlaspi.
— de montagne.
Tomate.
Toque,

[illegible]tentille. 270
[illegible]
[illegible]xaine. 314
[illegible]opogon.
[illegible]ousse.
[illegible]
[illegible] 250
[illegible] odorant.
[illegible] d'eau.
[illegible] blanc.
[illegible] hémorroïdal.
[illegible]dame (ou trique).
[illegible]ne. 286
[illegible]nthe 261
[illegible]uette. 283
[illegible] 369
[illegible]ille. 49

U

[illegible]the. 128

V

[illegible]eline. 191
[illegible]ille. 132
[illegible]ch
[illegible]de.
[illegible]ge d'or. 314
[illegible] du pasteur.
[illegible] 100

Vermiculaire. 320
Véronique. 208
Vesce. 288
Verveine. 357
Viedase.
Vigne. 58
— noire.
— de Judée.
Violette. 36
Viorne. 244
Vipérine.
Vrillée. 350
Vulnéraire.
Vulvaire.

X

Xantum.
Xilon.
Xiris.

Y

Yéble.
Yvette.
Yvrale.

Z

Zadoire. 260
Zizaine.

Reliure serrée